Nour Elhouda Djaa

Géométrie du fibré tangent d'ordre 2 et harmonicité

Nour Elhouda Djaa

Géométrie du fibré tangent d'ordre 2 et harmonicité

Sections harmoniques

Presses Académiques Francophones

Imprint
Any brand names and product names mentioned in this book are subject to trademark, brand or patent protection and are trademarks or registered trademarks of their respective holders. The use of brand names, product names, common names, trade names, product descriptions etc. even without a particular marking in this work is in no way to be construed to mean that such names may be regarded as unrestricted in respect of trademark and brand protection legislation and could thus be used by anyone.

Cover image: www.ingimage.com

Publisher:
Presses Académiques Francophones
is a trademark of
International Book Market Service Ltd., member of OmniScriptum Publishing Group
17 Meldrum Street, Beau Bassin 71504, Mauritius

Printed at: see last page
ISBN: 978-3-8416-3681-2

Zugl. / Agréé par: Sidi Belabes, Université Djilali Liabes, 22000

Copyright © Nour Elhouda Djaa
Copyright © 2015 International Book Market Service Ltd., member of OmniScriptum Publishing Group
All rights reserved. Beau Bassin 2015

Table des matières

- 0.1 Introduction 3
- 1 **Introduction à la géométrie Riemannienne** — **6**
  - 1.1 Métrique Riemannienne sur une variété. 6
    - 1.1.1 Image inverse d'une métrique 7
  - 1.2 Connexion linéaire. 9
    - 1.2.1 Tenseur de torsion. 10
    - 1.2.2 Connexion de Levi-Civita. 10
  - 1.3 Courbures. 14
    - 1.3.1 Tenseur de courbure. 14
    - 1.3.2 Courbure sectionnelle 15
    - 1.3.3 Courbure de Ricci 16
    - 1.3.4 Courbure scalaire 17
  - 1.4 Métrique critique 18
  - 1.5 Métrique conforme 18
    - 1.5.1 Connexion de Levi-Civita d'une métrique conforme .. 18
    - 1.5.2 Tenseur de courbure d'une métrique conforme 19
    - 1.5.3 Courbure scalaire d'une métrique conforme
      Equation de Yamabe 21
  - 1.6 Applications harmoniques 24
    - 1.6.1 Première variation de l'énergie 24
- 2 **Variété Produit Tordu Généralisé** — **25**
  - 2.1 Métrique Riemannienne du Produit Tordu Généralisé 25
  - 2.2 Connexion de levi-civita de la variété Produit Tordu Généralisé 25
  - 2.3 Tenseur de Courbure du Produit Tordu Généralisé 28
  - 2.4 Courbure de Ricci du Produit Tordu Généralisé 31
  - 2.5 Courbure Scalaire du produit tordu généralisé 34
- 3 **Géometrie du fibré tangent d'ordre 1** — **37**
  - 3.1 Introduction 37
  - 3.2 Relèvement Vertical 39
    - 3.2.1 Relèvement Vertical d'une Fonction 39
    - 3.2.2 Relèvement Vertical d'un Champ de Vecteurs 39
    - 3.2.3 Relèvement Vertical d' une 1-Forme 42
    - 3.2.4 Relèvement Vertical des Champs de Tenseurs 43

3.3 Relèvement Complet 45
        3.3.1 Relèvement Complet d'une fonction 45
        3.3.2 Relèvement Complet d'un Champ de Vecteurs 45
        3.3.3 Relèvement Complet d' une 1-Forme 48
        3.3.4 Relèvement Complet d'un Champ de tenseurs 50
   3.4 Relèvement Horizontal 51
        3.4.1 Relèvement Horizontal d'une Fonction 52
        3.4.2 Relèvement Horizontal d'un Champ de Vecteurs 52
        3.4.3 Relèvement Horizontal d'une 1-forme 55
        3.4.4 Relèvement Horizontal d'un Champ de Tenseurs 56
   3.5 Métrique Naturelle 58
        3.5.1 Métrique Naturelle 58
        3.5.2 Métrique de SASAKI 59
        3.5.3 Métrique de CHEEGER-GROMOLL sur TM 64
        3.5.4 β-metrique sur TM. 68
        3.5.5 Métrique Complète 70
        3.5.6 Tenseur de Courbure d'une Métrique Complète 71

4 **Section harmonique du fibré tangent d'ordre 2**   **73**
   4.1 Propriétés géométriques de la variété $TM \oplus TM$ 73
        4.1.1 Champ de vecteurs sur $TM \oplus TM$ 73
        4.1.2 Métrique induite sur $TM \oplus TM$ 75
   4.2 Géométrie du fibré tangent d'ordre 2 80
        4.2.1 Introduction 80
        4.2.2 Structure vecoriel sur T^2M 83
        4.2.3 λ-relèvement sur T^2M 85
   4.3 Metrique diagonale et harmonicité 86
        4.3.1 Metrique diagonale sur le fibré tangent T^2M 86
        4.3.2 Harmonicité d'une section sur le fibré tangent T^2M 87
   4.4 Métrique Naturelle sur T^2M. 91
        4.4.1 Métrique naturelle sur T^2M. 91
        4.4.2 Conditions d'Harmonicité des inclusions 95

5 **Perspectives.**   **97**

0.1 Introduction

Les applications harmoniques sont les correspondances entre les variétés riemannienne ou pseudo- riemannienne qui extrémise une fonctionnelle énergie naturelle

$$E(\varphi; D) = \frac{1}{2} \int_D |d\varphi|^2 \, v_g, \qquad (1)$$

où $|d\varphi|$ est la norme de Hilbert Schmidt de la différentielle $d\varphi$, généralisant ainsi l'intégrale de Dirichlet. Les exemples incluent les géodésiques, les fonctions harmoniques, les applications analytiques complexes. Ces applications sont en faite des solutions pour les équations d'Euler-Lagrange (équations harmoniques) :

$$\tau(\varphi) = \text{trace}_g \, \nabla d\varphi = 0$$

Localement :

$$\tau(\varphi) = g^{ij}\left(\frac{\partial^2 \varphi^\gamma}{\partial x^i \partial x^j} + \frac{\partial \varphi^\alpha}{\partial x^i}\frac{\partial \varphi^\beta}{\partial x^j}{}^N\Gamma^\gamma_{\alpha\beta} \circ \varphi - \frac{\partial \varphi^\gamma}{\partial x^k}{}^M\Gamma^k_{ij}\right)\frac{\partial}{\partial y^\gamma} \circ \varphi = 0.$$

qui est un système d'équations semi- linéaires, elliptiques.

L'existence et la construction explicite des applications harmoniques entre deux variétés riemanniennes données (M, g) et (N, h) sont deux des problèmes les plus fondamentaux de la théorie des correspondances harmoniques. Si M est une variété compacte et N à courbure sectionnelle non positive, alors n'importe quelle application lisse de M vers N peut être déformé en une application harmonique en utilisant la méthode des flux [Eells et Sampson 1964]. Cependant, il n'existe pas de théorie générale d'existence d'applications harmoniques si la variété cible ne satisfait pas à la condition de non positivité de la courbure.

De ce fait il est intéressant de trouver des applications harmoniques et biharmoniques définies par les champs de vecteurs sous forme d'application entre une variété riemannienne (M, g) et son fibré tangent TM. Les problèmes de ce type ont été étudiés lorsque le fibré TM est équipé de la métrique riemannienne Sasaki ([5] [41] [46] [59]) et la métrique riemannienne de Cheeger-Gromoll (voir [1] [12]).

D'autre part les Les sections sur fibré tangent d'ordre deux T^2M (faisceaux d'accélérations sur une variété lisse M), décrits localement, en détail les équations différentielles ordinaires du second ordre sur M (Dodson et Galanis [25] et [2]). Ces équations ont reçu une nouvelle attention géométrique au cours des dernières années à partir des interactions entre les champs des jets, les connexions linéaire et non linéaires, lagrangiens, les structures de Finsler et la théorie des systèmes de particules de Lagrange dépendant du temps (voir [3], [4], [60], [61], [62]).

Comme une généralisation naturelle des travaux d'Ishihara [41], Konderak [46], Oniciuc [57], Boeckx et Vanhecke [12] et Abbassi, Calvaruso et Perrone [1], [5] ; Dans cette thèse, nous définissons des métriques naturelles sur le fibré tangent d'ordre deux T^2M, et nous étudions la géométrie et l'harmonicité des sections entant que des applications d'une variété riemannienne (M,g) sur son fibré tangent d'ordre deux T^2M.

Dans le premier chapitre de la thèse, nous rappelons les définitions des variétés riemannienne en particulier l'image inverse d'une métrique, la courbure sectionnelle, la courbure de Ricci, la courbure scalaire, la métrique critique, la métrique conforme, la courbure scalaire d'une métrique conforme et l'équation de Yamabe.

Dans le deuxième chapitre, on rappel les principaux résultats de la géométrie des variété riemannienne tordu généralisées, les applications harmoniques. On donne ainsi la caractérisation de la courbure Scalaire du produit tordu généralisé :

Théorème 0.1.1. *Si S^M, S^N et $\overline{S}$ désignent les courbures scalaire su (M^m,g), (N^n,h) et $(M \times_{G_f} N, G_f)$ respectivement, alors, on a la formule suivante :*

$$\overline{S} = S^M + \frac{1}{f^2}S^N - 2n\Delta_M(\ln f) + \frac{2(1-n)}{f^2}\Delta_N(\ln f)$$
$$- n(n-1)|grad_M \ln f|^2 - \frac{(n-1)(n-2)}{f^2}|grad_N \ln f|^2 \qquad (2)$$

Théorème 0.1.2. *Soient (M^m,g) et (N^n,h) deux variétés compactes de courbures scalaire S^M et S^N respectivement et $\ln f(x,y) = f_1(x) + f_2(y)$. Si G_f est une métrique Riemannienne critique sur $M \times N$, alors le produit tordu $(M \times_f N, G_f)$ est l'espace Riemannien produit $(M \times N, g \oplus h)$ ou bien, on a :*

$$S^N = e^{2.f_2} + 2(n-1)\Delta_N(f_2) + (n-1)(n-2)|grad_n f_2|^2 \qquad (3)$$

Les résultats obtenus dans ce chapitre sont publiés sous forme de deux articles dans des revues renommées [13] et [23].

La première partie du troisième chapitre est consacré aux notions des relèvements vertical, horizontal et complet des champs de vecteurs, formes différentielles et les champs de tenseurs. Dans la deuxième partie de ce chapitre, on rappel la notion de métrique naturelle, la métrique de Sasaki et la métrique de Cheeger-Gromoll, la métrique complète ainsi que les structures associées. On introduit aussi la définition d'une nouvelle métrique naturelle dite β-métrique.

Dans la première partie du quatrième chapitre, on définit le fibré tangent d'ordre deux T^2M (espace des accélérations) comme une sous variété d'une variété produit. En investigue la géométrie du fibré tangent d'ordre deux, la structure vectoriel du fibré T^2M et les λ-relèvement au fibré tangent T^2M.

Dans la deuxième partie du quatrième chapitre, on donne la caratérisation des sections harmoniques relativement à la métrique diagonale :

Théorème 0.1.3. *Soient (M,g) une variété Riemannienne et (T^2M, g^D) son fibré tangent d'ordre 2 asoucié, muni de la métrique diagonale induite. Une section $\sigma : M \to T^2M$ est harmonique si et seulement si les conditions suivantes sont verifiées :*

$$trace_g(\nabla^2 X_\sigma) = 0,$$
$$trace_g(\nabla^2 Y_\sigma) = 0,$$
$$trace_g\{R(X_\sigma, \nabla_* X_\sigma) * + R(Y_\sigma, \nabla_* Y_\sigma) *\} = 0.$$

et la caratérisation des sections harmoniques relativement à la métrique naturelle (β-métrique) :

Théorème 0.1.4. *Soient (M, g) une variété riemannienne et (T^2M, G) son fibré tangent d'ordre deux équipé de la métrique naturelle. Alors le champ de tension associé à $\sigma \in \Gamma(T^2M)$ est donné par :*

$$\begin{aligned}\tau(\sigma) &= (trace_g A(X_\sigma))^1 + (trace_g B(Y_\sigma))^2 \\ &+ (trace_g\{R(X_\sigma, \nabla_* X_\sigma) * + R(Y_\sigma, \nabla_* Y_\sigma) *\})^0.\end{aligned} \quad (4)$$

où $A(X_\sigma)$ et $B(Y_\sigma)$) sont des formes bilinéaires définies par :

$$\begin{aligned}A(X_\sigma) &= \nabla^2 X_\sigma + \frac{(1+\alpha_1)\beta_1}{\alpha_1^2} g(\nabla X_\sigma, \nabla X_\sigma) X_\sigma + \frac{\beta_1^2}{\alpha_1^2} g(\nabla X_\sigma, X_\sigma)^2 X_\sigma \\ &\quad - 2\frac{\beta_1}{\alpha_1} g(\nabla X_\sigma, X_\sigma) \nabla X_\sigma\end{aligned}$$

$$\begin{aligned}B(Y_\sigma) &= \nabla^2 Y_\sigma + \frac{(1+\alpha_2)\beta_2}{\alpha_2^2} g(\nabla Y_\sigma, \nabla Y_\sigma) Y_\sigma + \frac{\beta_2^2}{\alpha_2^2} g(\nabla Y_\sigma, Y_\sigma)^2 Y_\sigma \\ &\quad - 2\frac{\beta_2}{\alpha_2} g(\nabla Y_\sigma, Y_\sigma) \nabla Y_\sigma\end{aligned}$$

Théorème 0.1.5. *Soient (M, g) une variété riemannienne et (T^2M, G) son fibré tangent d'ordre deux équipé de la métrique naturelle. Une section $\sigma : M \to T^2M$ est harmonique si et seulement si les conditions suivantes sont e vérifiées*

$$trace_g(trace_g A(X_\sigma)) = 0,$$
$$trace_g(trace_g B(Y_\sigma)) = 0,$$
$$trace_g\{R(X_\sigma, \nabla_* X_\sigma) * + R(Y_\sigma, \nabla_* Y_\sigma) *\} = 0.$$

Les résultats obtenus dans ce chapitre sont publiés sous forme de deux articles dans des revues renommées [26] et [22].

Chapitre 1

Introduction à la géométrie Riemannienne

1.1 Métrique Riemannienne sur une variété.

Définition 1.1.1. *Une métrique Riemannienne g sur une variété M est une application,*

$$g : \Gamma(TM) \times \Gamma(TM) \longrightarrow C^\infty(M),$$

$C^\infty(M)$-bilinéaire, symétrique, non dégénérée et définie positive.

Remarques 1.1.1. *Soit g une métrique Riemannienne sur M. Pour tout $V, W \in \Gamma(TM)$, on a :*

1. - $g(V, W) = g(W, V)$. (symétrique)
   - $g(V, V) = 0 \Rightarrow V = 0$. (non dégénérée)
   - $g(V, V) \geq 0$. (définie positive)

2. $g \in \Gamma(TM^*) \otimes \Gamma(TM^*)$

   Si (U, φ) est une carte sur M, alors

   $$g = \sum_{i,j=1}^{k} g_{ij} dx^i \otimes dx^j \tag{1.1}$$

   où g_{ij} sont des fonctions différentiables sur U appellé composantes du tenseur métrique relativement á la carte (U, φ).

   Localement, si $V = V^i \partial_i$ et $W = W^j \partial_j$ on a

   $$g(V, W) = g_{ij} V^i W^j$$

3. Pour tout $x \in M$ on a

   $$g_x : T_xM \times T_xM \longrightarrow \mathbb{R}$$

   est une forme bilinéaire, symétrique, non dégénérée et définie positive, où T_xM désigne l'espace tangent en x.

Définition 1.1.2. *Une variété Riemannienne est un couple (M, g), où M est une variété différentiable et g une métrique Riemannienne sur le fibré tangent (TM, π, M).*

Exemple 1.1.1. *L'espace $\mathbb{R}^n$ muni du produit scalaire standard*

$$g_0(v, w) = \sum_{i=1}^{n} v_i w_i,$$

où $v = (v_1, ..., v_n)_x$, $w = (w_1, ..., w_n)_x \in T_x \mathbb{R}^n$ et $x \in \mathbb{R}^n$.

Exemple 1.1.2. *Dans la boule*

$$\mathbb{D}^n = \{x \in \mathbb{R}^n \mid \|x\| < 1\},$$

on considère le tenseur g_H défini par

$$g_H(v, w) = \frac{4}{(1 - \|x\|^2)^2} g_0(v, w), \quad v, w \in T_x \mathbb{R}^n, x \in \mathbb{D}^n.$$

g_H est appelée la métrique hyperbolique sur $\mathbb{D}^n$.

Exemple 1.1.3. *Soit M une sous-variété différentiable de $\mathbb{R}^n$. Pour tout $x \in M$, on a $T_x M \subset T_x \mathbb{R}^n$. En posant*

$$g(v, w) = g_0(v, w) \quad v, w \in T_x M.$$

on obtient la métrique Riemannienne induite par g_0 sur M.

Remarque 1.1.1. *Soient (M, g) une variété Riemannienne, de dimension n, (U, φ) et (V, ψ) deux cartes sur M, . Si g_{ij} (resp $\tilde{g}_{kl}$) désignent les composantes de g relativement à la carte (U, φ) (resp (V, ψ)), alors pour tout $x \in \varphi(U \cap V)$, le changement de coordonnées est donné par*

$$y = y(x) = (y^1, ..., y^n) = \psi \circ \varphi^{-1}(x)$$

$$g_{ij} = \sum_{k,l=1}^{n} \frac{\partial y^k}{\partial x^i} \frac{\partial y^l}{\partial x^j} \tilde{g}_{kl},$$

où $(\frac{\partial}{\partial x^1}, ..., \frac{\partial}{\partial x^n})$ et $(\frac{\partial}{\partial y^1}, ..., \frac{\partial}{\partial y^n})$ désignent les bases de champs de vecteurs associés respectivement aux cartes (U, φ) et (V, ψ). pour la preuve, remarquons que pour tout $i = 1, ..., n$

$$\frac{\partial}{\partial x^i} = \sum_{k=1}^{n} \frac{\partial y^k}{\partial x^i} \frac{\partial}{\partial y^k}.$$

1.1.1 Image inverse d'une métrique

Définition 1.1.3. *Soient (N, h) une variété Riemannienne, de dimension n, M une variété différentiable, de dimension m, et $f : M \longrightarrow N$ une immersion . Alors*

$$f^* h : \Gamma(TM) \times \Gamma(TM) \longrightarrow C^{\infty}(M)$$

définie pour tout $X, Y \in \Gamma(TM)$ et $x \in M$ par
$$f^*h(X,Y)_x = h_{f(x)}(d_xf(X_x), d_xf(Y_x)),$$
est une métrique sur M, appelée métrique inverse

Expression locale de la métrique inverse f^*h

Soient (U, φ) une carte de M de base locale associée $(\frac{\partial}{\partial x^1}, ..., \frac{\partial}{\partial x^m})$ et (V, ψ) une carte de N de base locale associée $(\frac{\partial}{\partial y^1}, ..., \frac{\partial}{\partial y^n})$, alors

$$\begin{aligned}
(f^*h)_{ij} &= f^*h(\frac{\partial}{\partial x^i}, \frac{\partial}{\partial x^j}) \\
&= h(df(\frac{\partial}{\partial x^i}), df(\frac{\partial}{\partial x^j})) \\
&= \sum_{\alpha,\beta=1}^{n} \frac{\partial f^\alpha}{\partial x^i} \frac{\partial f^\beta}{\partial x^j} h(\frac{\partial}{\partial y^\alpha}, \frac{\partial}{\partial y^\beta}) \circ f \\
&= \sum_{\alpha,\beta=1}^{n} \frac{\partial f^\alpha}{\partial x^i} \frac{\partial f^\beta}{\partial x^j} (h_{\alpha\beta} \circ f).
\end{aligned} \quad (1.2)$$

Définition 1.1.4. *Étant donnée une métrique Riemannienne g sur une variété M, on définit la norme $\|V\|_g$ d'un champ de vecteur $V \in \Gamma(TM)$ par*

$$\|V\|_g = \sqrt{g(V,V)} \quad (1.3)$$

Localement, si $V = V^i \partial_i$ alors,
$$\|V\|_g^2 = g_{ij} V^i V^j$$

Proposition 1.1.1. *Soit g une métrique Riemannienne sur M. L'application,*

$$\begin{aligned}
\sharp : \Gamma(TM^*) &\longrightarrow \Gamma(TM) \\
\omega &\to \sharp\omega
\end{aligned}$$

définie par
$$g(\sharp\omega, V) = \omega(V), \quad (1.4)$$
pour tout $V \in \Gamma(TM)$, est un isomorphisme $C^\infty(M)$-linéaire.

Lemme 1.1.1. *Soit g une métrique Riemannienne sur M. Pour tout $x \in M$ la métrique g induit un isomorphisme linéaire entre T_xM^* et T_xM*

$$\begin{aligned}
\sharp_x : T_xM^* &\longrightarrow T_xM \\
\omega &\to \sharp_x\omega
\end{aligned}$$

définit par,
$$g_x(\sharp_x\omega, v) = \omega(v)$$
pour tout $v \in T_xM$.

Remarque 1.1.2. *Localement, si $\omega = \omega_i dx^i$ et $g = g_{ij} dx^i \otimes dx^j$, alors*

$$\sharp \omega = \omega_i g^{ij} \partial_j$$

où (g^{ij}) désigne la matrice inverse de (g_{ij}).

1.2 Connexion linéaire.

Définition 1.2.1. *Une connexion linéaire sur une variété M est une application*

$$\nabla : \Gamma(TM) \times \Gamma(TM) \longrightarrow \Gamma(TM)$$
$$(X, V) \longmapsto \nabla_X V$$

vérifiant :
1. $\nabla_X(V + W) = \nabla_X V + \nabla_X W$
2. $\nabla_X(fV) = X(f)V + f \nabla_X V$
3. $\nabla_{X+fY} V = \nabla_X V + f \nabla_Y V$,

pour tout $V, W, X, Y \in \Gamma(TM)$ et $f \in C^\infty(M)$.

Définition 1.2.2. *Soient ∇ une connexion sur une variété M de dimension n et $(\partial_1, ..., \partial_n)$ (resp $(dx^1, ..., dx^n)$) une base locale de section de $\Gamma(TM)$ (resp $\Gamma(T^*M)$). On défini les coefficients de Christoffel par*

$$\Gamma_{ij}^k = dx^k(\nabla_{\partial_i} \partial_j) \tag{1.5}$$

Définition 1.2.3. *Une section $V \in \Gamma(TM)$ est dite parallèle par rapport a la connexion ∇ si*

$$\nabla_X V = 0$$

pour tout $X \in \Gamma(TM)$.

Définition 1.2.4. *Soit g une métrique Riemannienne sur M, On dit que la métrique g est compatible avec la connexion ∇ (ou parallèle), si*

$$\nabla g = 0 \tag{1.6}$$

i.e

$$(\nabla_X g)(V, W) = 0$$

ou

$$X(g(V, W)) = g(\nabla_X V, W) + g(V, \nabla_X W) \tag{1.7}$$

pour tout $X, V, W \in \Gamma(TM)$.

1.2.1 Tenseur de torsion.

Définition 1.2.5. *Soient M une variété différentiable et ∇ une connexion linéaire sur M. Le tenseur de torsion associé à ∇ est une application vectorielle $C^\infty(M)$-bilinéaire définie par*

$$T : \Gamma(TM) \times \Gamma(TM) \rightarrow \Gamma(TM)$$
$$(X,Y) \mapsto T(X,Y) = \nabla_X Y - \nabla_Y X - [X,Y]$$

pour tout $X, Y \in \Gamma(TM)$.

La connexion ∇ est dite sans torsion si $T \equiv 0$.

Remarques 1.2.1.
1. *T est un champ de tenseur de type $(1,2)$*
2. *$T(X,Y) = -T(Y,X)$ pour tout $X, Y \in \Gamma(TM)$ (T est antisymétrique)*
3. *La connexion ∇ est sans torsion ssi pour tout $X, Y \in \Gamma(TM)$ on a :*

$$[X,Y] = \nabla_X Y - \nabla_Y X$$

4. *Pour tout $x \in M$, le tenseur de torsion T induit une application bilinéaire vectoriel*

$$T_x : T_x M \times T_x M \rightarrow T_x M$$
$$(v,w) \mapsto T_x(v,w) = (\nabla_X Y)_x - (\nabla_Y X)_x - [X,Y]_x$$

où $X, Y \in \Gamma(TM)$, telque $X_x = v$ et $Y_x = w$ (indépendament du choix de X et Y).

Théorème 1.2.1. *(fondamentale).*

Soit ∇ une connexion linéaire sur M. Si $p \in M$ tel que $T_p \cong 0$, alors il existe une carte $(U, x^1, ..., x^n)$ telle que pour tout $i, j, k = 1, ..., n$, on a

$$\Gamma^k_{ij}(p) = 0 \tag{1.8}$$

1.2.2 Connexion de Levi-Civita.

Théorème 1.2.2. *Soit (M,g) une variété Riemannienne, l'application*

$$\nabla : \Gamma(TM) \times \Gamma(TM) \longrightarrow \Gamma(TM),$$

définie par la formule de Kozul,

$$\begin{aligned}2g(\nabla_X Y, Z) &= X(g(Y,Z)) + Y(g(Z,X)) - Z(g(X,Y)) \\ &\quad + g(Z,[X,Y]) + g(Y,[Z,X]) - g(X,[Y,Z]),\end{aligned} \tag{1.9}$$

est une connexion linéaire sur M, appelée connexion de Levi-Civita.

Preuve : Pour tout $X, Y, Z \in \Gamma(TM)$ et $f \in C^\infty(M)$ on a,

1.

$$\begin{aligned}
2g(\nabla_{fX}Y, Z) &= fX(g(Y,Z)) + Y(g(Z,fX)) - Z(g(fX,Y)) + g(Z,[fX,Y]) \\
&\quad + g(Y,[Z,fX]) - g(fX,[Y,Z]) \\
&= fX(g(Y,Z)) + Y(f)g(Z,X) + fY(g(Z,X)) - Z(f)g(X,Y) \\
&\quad - fZ(g(X,Y)) - Y(f)g(Z,X) + fg(Z,[X,Y]) \\
&\quad + Z(f)g(Y,X) + fg(Y,[Z,X]) - fg(X,[Y,Z]) \\
&= fX(g(Y,Z)) + fY(g(Z,X)) - fZ(g(X,Y)) + fg(Z,[X,Y]) \\
&\quad + fg(Y,[Z,X]) - fg(X,[Y,Z]) \\
&= 2fg(\nabla_X Y, Z) \\
&= 2g(f\nabla_X Y, Z),
\end{aligned}$$

et comme g est non dégénérée on a , $\nabla_{fX}Y = f\nabla_X Y$

2.

$$\begin{aligned}
2g(\nabla_{X+W}Y, Z) &= (X+W)(g(Y,Z)) + Y(g(Z,X+W)) - Z(g(X+W,Y)) \\
&\quad + g(Z,[X+W,Y]) + g(Y,[Z,X+W]) - g(X+W,[Y,Z]) \\
&= X(g(Y,Z)) + Y(g(Z,X)) - Z(g(X,Y)) + g(Z,[X,Y]) \\
&\quad + g(Y,[Z,X]) - g(X,[Y,Z]) + W(g(Y,Z)) + Y(g(Z,W)) \\
&\quad - Z(g(W,Y)) + g(Z,[W,Y]) + g(Y,[Z,W]) - g(W,[Y,Z]) \\
&= 2g(\nabla_X Y, Z) + 2g(\nabla_W Y, Z) \\
&= 2g(\nabla_X Y + \nabla_W Y, Z),
\end{aligned}$$

d'où , $\nabla_{X+W}Y = \nabla_X Y + \nabla_W Y$.

3.

$$\begin{aligned}
2g(\nabla_X fY, Z) &= X(g(fY,Z)) + fY(g(Z,X)) - Z(g(X,fY)) + g(Z,[X,fY]) \\
&\quad + g(fY,[Z,X]) - g(X,[fY,Z]) \\
&= X(f)g(Y,Z) + fX(g(Y,Z)) + fY(g(Z,X)) - Z(f)g(X,Y) \\
&\quad - fZ(g(X,Y)) + X(f)g(Z,Y) + fg(Z,[X,Y]) + fg(Y,[Z,X]) \\
&\quad + Z(f)g(X,Y) - fg(X,[Y,Z]) \\
&= 2X(f)g(Y,Z) + fX(g(Y,Z)) + fY(g(Z,X)) - fZ(g(X,Y)) \\
&\quad + fg(Z,[X,Y]) + fg(Y,[Z,X]) - fg(X,[Y,Z]) \\
&= 2X(f)g(Y,Z) + 2fg(\nabla_X Y, Z) \\
&= 2g(X(f)Y + f\nabla_X Y, Z),
\end{aligned}$$

d'où $\nabla_X fY = X(f)Y + f\nabla_X Y$.

4. De même manière on obtient , $\nabla_X(Y+Z) = \nabla_X Y + \nabla_X Z$. Donc ∇ est une connexion linéaire sur M.

∎

1.2 Connexion linéaire.

Théorème 1.2.3. (*Théorème fondamental de la géométrie Riemannienne*) *Si* (M,g) *est une variété Riemannienne, alors la connexion de Levi-Civita est l'unique connexion linéaire sans torsion et compatible avec g.*

Preuve : On a

$$g(\nabla_X Y, Z) - g(\nabla_Y X, Z) = \frac{1}{2}\{g(Z,[X,Y]) - g(Z,[Y,X])\}$$
$$= g(Z,[X,Y]),$$

d'où la connexion de Levi-Civita est sans torsion. Et,

$$g(\nabla_X Y, Z) + g(\nabla_X Z, Y) = \frac{1}{2}\{X(g(Y,Z)) + X(g(Z,Y))\}$$
$$= X(g(Y,Z)),$$

celà prouve que la connexion de Levi-Civita est compatible avec la métrique g sur M. Comme g est non dégénérée, cette relation (1.9) détermine complètement la connexion ∇, ce qui donne l'unicité. ∎

Exemple 1.2.1. *Une connexion linéaire ∇ sur M est une connexion linéaire sur le fibré tangent* (TM, π, M).

Dans un système de coordonnées (x^i) sur M, ∇ est complètement définie par les symboles de Christoffel Γ_{ij}^k définis par :

$$\nabla_{\frac{\partial}{\partial x^i}}\frac{\partial}{\partial x^j} = \Gamma_{ij}^k \frac{\partial}{\partial x^k}.$$

En effet, si $X = X^i \frac{\partial}{\partial x^i}$ et $Y = Y^j \frac{\partial}{\partial x^j}$ alors

$$\nabla_X Y = X^i (\frac{\partial}{\partial x^i} Y^k + \Gamma_{ij}^k Y^j)\frac{\partial}{\partial x^k}.$$

Proposition 1.2.1. *Soient (M^m, g) une variété Riemannienne, de dimension m et ∇ la connexion de Levi-Civita. Si (U,φ) est une carte sur M avec les champs de bases $\frac{\partial}{\partial x^1},...,\frac{\partial}{\partial x^m}$ associés, alors les coefficients de Christoffel Γ_{ij}^k sont donnés par*

$$\Gamma_{ij}^k = \frac{1}{2}\sum_{l=1}^m g^{kl}\{\frac{\partial g_{jl}}{\partial x^i} + \frac{\partial g_{il}}{\partial x^j} - \frac{\partial g_{ij}}{\partial x^l}\},$$

$$g_{kl}\Gamma_{ij}^k = \frac{1}{2}\{\frac{\partial g_{jl}}{\partial x^i} + \frac{\partial g_{il}}{\partial x^j} - \frac{\partial g_{ij}}{\partial x^l}\},$$

où, g_{ij} sont les coordonneés de g relativement à la carte (U,φ).

Preuve : Comme $[\partial_i, \partial_j] = 0$ pour tout $i,j = 1,...,m$, où $\partial_i = \frac{\partial}{\partial x^i}$ pour tout $i = 1,...,m$ on a,

$$2g(\nabla_{\partial_i}\partial_j, \partial_l) = 2\sum_{s=1}^m g(\Gamma_{ij}^s \partial_s, \partial_l)$$
$$= 2\sum_{s=1}^m \Gamma_{ij}^s g_{sl}$$
$$= \partial_i(g(\partial_j, \partial_l)) + \partial_j(g(\partial_l, \partial_i)) - \partial_l(g(\partial_i, \partial_j)),$$

donc,
$$\sum_{s=1}^{m} \Gamma_{ij}^s g_{sl} = \frac{1}{2}\{\partial_i g_{jl} + \partial_j g_{li} - \partial_l g_{ij}\}$$

d'où,
$$\sum_{s=1}^{m} \Gamma_{ij}^s g_{sl} g^{lk} = \frac{1}{2} g^{lk} \{\partial_i g_{jl} + \partial_j g_{li} - \partial_l g_{ij}\},$$

et,
$$\sum_{s,l=1}^{m} \Gamma_{ij}^s g_{sl} g^{lk} = \frac{1}{2} \sum_{l=1}^{m} g^{lk} \{\partial_i g_{jl} + \partial_j g_{li} - \partial_l g_{ij}\},$$

et comme (g^{ij}) est la matrice inverse de (g_{ij}) on a $\sum_{l=1}^{m} g_{sl} g^{lk} = \delta_{ks}$, où δ_{ks} est le symbole de Kronecker, d'où
$$\Gamma_{ij}^k = \frac{1}{2} \sum_{l=1}^{m} g^{kl} \{\frac{\partial g_{jl}}{\partial x^i} + \frac{\partial g_{il}}{\partial x^j} - \frac{\partial g_{ij}}{\partial x^l}\}.$$

∎

Exemple 1.2.2. *On considère la paramétrisation de la sphère $S^n = \{u \in \mathbb{R}^{n+1} \mid \|u\| = 1\}$ et soit la projection stéréographique, $\psi : \mathbb{R}^n \longrightarrow \mathbb{R}^{n+1}$ donnée par*

$$\psi(x) = (\frac{2x^1}{\|x\|^2 + 1}, ..., \frac{2x^n}{\|x\|^2 + 1}, \frac{\|x\|^2 - 1}{\|x\|^2 + 1}) \ , x \in \mathbb{R}^n.$$

Les composantes du tenseur métrique relativement à ψ sont

$$g_{ij}(x) = \frac{4\,\delta_{ij}}{(1 + \|x\|^2)^2} \ , x \in \mathbb{R}^n.$$

Pour la preuve, en utilisant la formule 1.2.
Les symboles de Christoffel sont,

$$\Gamma_{ii}^i(x) = \Gamma_{ij}^j(x) = \Gamma_{ji}^i(x) = -\Gamma_{jj}^i(x) = \frac{-2x^i}{1 + \|x\|^2} \ ,$$

$$\Gamma_{ij}^k(x) = 0 \ , \ pour \ i, j \ et \ k = 1,..n \ distincts.$$

pour la preuve en utilisant la proposition 1.2.1.

Théorème 1.2.4. *(fondamental).*

Soient (M, g) une variété Riemannienne et $p \in M$, alors il existe une carte $(U, x^1, ..., x^n)$ telle que

$$\begin{aligned} \Gamma_{ij}^k(p) &= 0 & (1.10) \\ g(\partial_i, \partial_j)(p) &= \delta_{ij} & (1.11) \end{aligned}$$

pour tout $i, j, k = 1, ..., n$,

1.3 Courbures.

1.3.1 Tenseur de courbure.

Définition 1.3.1. *Soit M une variété muni d'une connexion linéaire ∇. On définit le tenseur de courbure, $R : \Gamma(TM) \times \Gamma(TM) \times \Gamma(TM) \longrightarrow \Gamma(TM)$, associé à ∇, par :*

$$R(X,Y)V = \nabla_X \nabla_Y V - \nabla_Y \nabla_X V - \nabla_{[X,Y]} V$$

pour tout $X, Y, V \in \Gamma(TM)$.

Propriétés 1.3.1.
1. *La courbure R est $C^\infty(M)$-3 linéaire*
2. $R(X,Y)V = -R(Y,X)V$ *pour tout $X, Y \in \Gamma(TM)$ et $V \in \Gamma(TM)$* (antisymétrie)

Définition 1.3.2. *Sur une variété Riemannienne (M, g), le tenseur de courbure de la connexion de Levi-Civita est appelé tenseur de courbure Riemannienne.*
Le tenseur de courbure Riemannienne s'exprime en fonction des coefficients de Christoffel :

$$R(\partial_i, \partial_j)\partial_k = \sum_{l=1}^{n} R^l_{ijk} \partial_l$$

$$R^l_{ijk} = \partial_i(\Gamma^l_{jk}) - \partial_j(\Gamma^l_{ik}) + \sum_{m=1}^{n} \{\Gamma^l_{im}\Gamma^m_{jk} - \Gamma^l_{jm}\Gamma^m_{ik}\},$$

où, $(\partial_i)_{i=1..n}$ est une base locale de champs de vecteurs sur M.

Proposition 1.3.1. *Soit (M, g) une variété Riemannienne. Le tenseur de courbure Riemannienne R a les propriétés suivantes :*

1. *R est un champ de tenseurs de type $(3, 1)$.*
2. $g(R(X,Y)Z, W) = -g(R(X,Y)W, Z).$
3. $g(R(X,Y)Z, W) = g(R(Z,W)X, Y).$
4. *R vérifie l'identité de Bianchi algébrique*

$$R(X,Y)Z + R(Y,Z)X + R(Z,X)Y = 0.$$

5. *R vérifie l'identité de Bianchi différentielle*

$$(\nabla_X R)(Y,Z) + (\nabla_Y R)(Z,X) + (\nabla_Z R)(X,Y) = 0.$$

$\forall X, Y, Z, W \in \Gamma(TM)$

1.3.2 Courbure sectionnelle

Définition 1.3.3. *Soient (M,g) une variété Riemannienne de dimension $n \geq 2$ et P un 2-plan de T_xM de base $\{X,Y\}$. On appelle courbure sectionnelle en x de P*

$$K_x(P) = \frac{g(R(X,Y)Y,X)}{g(X,X)g(Y,Y) - g(X,Y)^2}$$

Remarquons que dans la définition précédente, on peut remplacer X par λX pour $\lambda \neq 0$ et Y par $Y - g(X,Y)X$. On peut donc supposer que $\{X,Y\}$ est une base orthonormale. Dans ce cas

$$K_x(P) = g(R(X,Y)Y,X)$$

On vérifie que $K_x(P)$ ne dépend pas de la base orthonormée de P : En effet, si $\{Z,T\}$ est une autre base orthonormale, il existe $a,b \in \mathbb{R}$, tels que $a^2 + b^2 = 1$ avec

$$Z = aX + bY \quad , \quad T = -bX + aY.$$

Une simple vérification montre que $g(R(X,Y)Y,X) = g(R(Z,T)T,Z)$.

Définition 1.3.4. *Soit (M,g) une variété Riemannienne, de dimension n. On dit que M est une variété à courbure constante s'il existe une constante $k \in \mathbb{R}$ telle que pour tout $x \in M$ et tout 2-plan P de T_xM, on a*

$$K_x(P) = k.$$

Remarques 1.3.1. *(Résultats algébriques)*

Soient (M,g) une variété Riemannienne, de dimension n, $x \in M$, $(\frac{\partial}{\partial x^i})_{i=1..n}$ une base de T_xM et $(e_i)_{i=1..n}$ base orthonormée de T_xM. Soient

$$A : T_xM \longrightarrow T_xM,$$
$$B : T_xM \longrightarrow T_x^*M,$$

des applications linéaire et

$$C : T_xM \times T_xM \longrightarrow \mathbb{R},$$

une application bilinéaire, on pose

$$\begin{aligned} B1 : T_xM &\longrightarrow T_xM \\ u &= \sharp B(u) \end{aligned}$$

$$\begin{aligned} C1 : T_xM &\longrightarrow T_x^*M \\ u &= C(u,.) \end{aligned}$$

$$\begin{aligned} C2 : T_xM &\longrightarrow T_xM \\ u &= \sharp C1(u) \\ &= \sharp C(u,.) \end{aligned}$$

On a :

⋄ $trace\, A = \sum_{i=1}^{n} e^i(A(e_i)) = \sum_{i=1}^{n} g(A(e_i), e_i)$

   $= \sum_{i=1}^{n} dx^i(A(\frac{\partial}{\partial x^i})) = \sum_{i,j=1}^{n} g^{ij} g(A(\frac{\partial}{\partial x^i}), \frac{\partial}{\partial x^j})$

⋄ $trace\, B = trace\, B1 = \sum_{i=1}^{n} B(e_i)(e_i) = \sum_{i,j=1}^{n} g^{ij} B(\frac{\partial}{\partial x^i})(\frac{\partial}{\partial x^j})$

⋄ $trace\, C = trace\, C1 = trace\, C2 = \sum_{i=1}^{n} C(e_i, e_i) = \sum_{i,j=1}^{n} g^{ij} C(\frac{\partial}{\partial x^i}, \frac{\partial}{\partial x^j})$

où dx^i (resp e^i) désigne le dual de $\frac{\partial}{\partial x^i}$ (resp e_i).

1.3.3 Courbure de Ricci

Définition 1.3.5. *La courbure de Ricci d'une variété Riemannienne* (M^m, g) *de dimension* m *est un tenseur de type* $(0, 2)$ *défini par*

$$\begin{aligned} Ric(X, Y) &= trace R(*, X)Y \\ &= \sum_{i=1}^{m} g(R(e_i, X)Y, e_i), \end{aligned}$$

pour tout $X, Y \in \Gamma(TM)$, *où* (e_i) *est une base orthonormée locale sur* M, *et*

$$\begin{aligned} R(*, X)Y : \Gamma(TM) &\to \Gamma(TM) \\ Z &\mapsto R(Z, X)Y \end{aligned}$$

On pose :

$$\begin{aligned} Ric : \Gamma(TM) \times \Gamma(TM) &\to C^{\infty}(\mathbb{R}) \\ (X, Y) &\mapsto Ric(X, Y) \end{aligned}$$

La courbure de Ricci, Ric est forme bilinéaire symétrique, en effet

$$\begin{aligned} Ric(X, Y) &= \sum_{i=1}^{m} g(R(e_i, X)Y, e_i) \\ &= \sum_{i=1}^{m} g(R(Y, e_i)e_i, X) \\ &= \sum_{i=1}^{m} g(R(e_i, Y)X, e_i) \\ &= Ric(Y, X) \end{aligned}$$

Relativement à la base$(\frac{\partial}{\partial x^i})_{i=1..m}$, les composantes du tenseur de Ricci sont donnés par

$$\begin{aligned} Ric_{ij} &= Ric(\frac{\partial}{\partial x^i}, \frac{\partial}{\partial x^j}) \\ &= traceR(*, \frac{\partial}{\partial x^i})\frac{\partial}{\partial x^j} \\ &= g^{kl}g(R(\frac{\partial}{\partial x^k}, \frac{\partial}{\partial x^i})\frac{\partial}{\partial x^j}, \frac{\partial}{\partial x^l}) \\ &= g^{kl}R^s_{kij}g_{ls} \\ &= \delta_{ks}R^s_{kij} \\ &= R^k_{kij} \end{aligned}$$

Définition 1.3.6. *Le tenseur de Ricci d'une variété Riemannienne (M^m, g), est un tenseur de type$(1,1)$, défini par*

$$Ricci(X) = \sum_{i=1}^{m} R(X, e_i)e_i$$

pour tout $X \in \Gamma(TM)$, où $(e_i)_{i=1..m}$ est une base orthonormée locale sur M.

Remarque 1.3.1. *Soit (M^m, g) une variété Riemannienne, de dimension m. Pour tout $X, Y \in \Gamma(TM)$ on a*

$$Ric(X, Y) = g(Ricci(X), Y)$$

1.3.4 Courbure scalaire

Définition 1.3.7. *On appelle courbure scalaire d'une variété Riemannienne (M^m, g) la fonction définie sur M par*

$$S = trace_g Ric = \sum_{i,j=1}^{m} g(R(e_i, e_j)e_j, e_i)$$

où $(e_i)_{i=1..m}$ une base orthonormée locale sur M.

Proposition 1.3.2. *Une variété Riemannienne (M, g) est de courbure sectionnelle constante k si et seulement si le tenseur de courbure vérifie l'équation :*

$$R(X, Y)Z = k(g(Y, Z)X - g(X, Z)Y).$$

pour tout X, Y et $Z \in \Gamma(TM)$.

Corollaire 1.3.1. *Si (M^m, g) est une variété Riemannienne de courbure sectionnelle constante k, alors pour tout $X, Y \in \Gamma(TM)$ on a*

1. $Ricci(X) = (m-1)kX$,
2. $Ric(X, Y) = (m-1)kg(X, Y)$,
3. $S = m(m-1)k$.

Exemple 1.3.1. *L'espace euclidien $\mathbb{R}^n$ muni du repère canonique $\partial_i = \frac{\partial}{\partial x^i}$, du produit scalaire euclidien $g = g_{ij}dx_i \otimes dx_j$, où $g_{ij} = \delta_{ij}$. On vérifie immédiatement que $\Gamma^k_{ij} = 0$, $R^l_{ijk} = 0$ donc $R = 0$. En particulier, la courbure sectionnelle de $(\mathbb{R}^n, g_0)$ est nulle.*

1.4 Métrique critique

Définition 1.4.1. *Soit (M^m, g) une variété Riemannienne compacte orienté. Une métrique Riemannienne critique est un point critique pour la functionnelle :*

$$H(g = \int_M |S_g|^2 v_g$$

où S_g désigne la courbure scalaire de (M, g) et v_g désigne l'élèment volume mesurer par g.

Localement, si on note par $(x_i)_{i=1}^m$ les coordonnées locale sur M et Ric_{ij}^g les coordonnées du tenseur de Ricci associé à g, alors g est une métrique critique, si et seulement si on a :

$$m\nabla_i \nabla_j S_g - m S_g Ric_{ij}^g - (\Delta S_g) g_{ij} + S_g^2 g_{ij} = 0 \tag{1.12}$$

(For more details, we can refer to [11] and [54])

1.5 Métrique conforme

Définition 1.5.1. *Soit (M, g) une variété Riemannienne de dimension n. Deux métriques g et $\widetilde{g}$ sur M, sont dit conforme s'il existe une fonction positive non nulle $f \in C^\infty(M)$ telle que*

$$\widetilde{g} = f.g \tag{1.13}$$

i.e

$$\widetilde{g}(X, Y) = f.g(X, Y)$$

pour tout $X, Y \in \Gamma(TM)$. f est appelé fonction de dilatation.

1.5.1 Connexion de Levi-Civita d'une métrique conforme

Proposition 1.5.1. *Soient (M, g) une variété Riemannienne de dimension m et $\widetilde{g} = f.g$ une métrique conforme. Alors, pour tout $X, Y \in \Gamma(TM)$, nous avons :*

$$\widetilde{\nabla}_X Y = \nabla_X Y + \frac{X(f)}{2f} Y + \frac{Y(f)}{2f} X - \frac{g(X, Y)}{2f} grad(f), \tag{1.14}$$

où ∇, $\widetilde{\nabla}$ désignent les connexions de Levi-Civita associeés à g et $\widetilde{g}$ respectivements.

1.5 Métrique conforme

Preuve : Soient $X, Y, Z \in \Gamma(TM)$. En utilisant la formule de Kozul, on obtient

$$\begin{aligned}
2g^{\widetilde{\nabla}}{}_XY, Z) &= X(g^{\sim}(Y,Z)) + Y(g^{\sim}(Z,X)) - Z(g^{\sim}(X,Y)) + g^{\sim}(Z,[X,Y]) + g^{\sim}(Y,[Z,X]) - g^{\sim}(X,[Y,Z]) \\
&= X(fg(Y,Z)) + Y(fg(Z,X)) - Z(fg(X,Y)) + fg(Z,[X,Y]) + fg(Y,[Z,X]) \\
&\quad - fg(X,[Y,Z]) \\
&= f\{X(g(Y,Z)) + Y(g(Z,X)) - Z(g(X,Y)) + g(Z,[X,Y]) + g(Y,[Z,X]) - g(X,[Y,Z])\} \\
&\quad + X(f)g(Y,Z) + Y(f)g(Z,X) - Z(f)g(X,Y) \\
&= 2fg(\nabla_X Y, Z) + X(f)g(Y,Z) + Y(f)g(Z,X) - Z(f)g(X,Y) \\
&= 2fg(\nabla_X Y, Z) + 2fg(\frac{X(f)}{2f}Y, Z) + 2fg(\frac{Y(f)}{2f}X, Z) - g(X,Y)g(grad(f), Z) \\
&= 2f\{g(\nabla_X Y, Z) + g(\frac{X(f)}{2f}Y, Z) + g(\frac{Y(f)}{2f}X, Z) - g(\frac{g(X,Y)}{2f}grad(f), Z)\} \\
&= 2\widetilde{g}(\nabla_X Y + \frac{X(f)}{2f}Y + \frac{Y(f)}{2f}X - \frac{g(X,Y)}{2f}grad(f), Z)
\end{aligned}$$

∎

Corollaire 1.5.1. *Soient (M,g) une variété Riemannienne de dimension m et $\widetilde{g} = e^{2\gamma}g$ une métrique conforme à g. Alors, pour tout $X, Y \in \Gamma(TM)$, nous avons :*

$$\widetilde{\nabla}_X Y = \nabla_X Y + X(\gamma)Y + Y(\gamma)X - g(X,Y)grad(\gamma) \tag{1.15}$$

où ∇, $\widetilde{\nabla}$ désignent les connexions de Levi-Civita associées à g et $\widetilde{g}$ respectivement.

Dans toute la suite, on considère le cas de la métrique conforme où la fonction de dilatation est de la forme $f = e^{2\gamma}$

1.5.2 Tenseur de courbure d'une métrique conforme

Proposition 1.5.2. *Soient (M,g) une variété Riemannienne et $\widetilde{g} = e^{2\gamma}g$ une déformation conforme de la métrique g. Alors, pour tout $X, Y, Z \in \Gamma(TM)$ on a :*

$$\begin{aligned}
\widetilde{R}(X,Y)Z &= R(X,Y)Z + (\nabla_Y Z)(\gamma)X - (\nabla_X Z)(\gamma)Y + X(Z(\gamma))Y \\
&\quad - Y(Z(\gamma))X + Y(\gamma)Z(\gamma)X - X(\gamma)Z(\gamma)Y + g(X,Z)[\nabla_Y grad(\gamma) \\
&\quad + |grad(\gamma)|^2 Y] - g(Y,Z)[\nabla_X grad(\gamma) + |grad(\gamma)|^2 X] \\
&\quad + [X(\gamma)g(Y,Z) - Y(\gamma)g(X,Z)]grad(\gamma)
\end{aligned} \tag{1.16}$$

où R et $\widetilde{R}$ désignent les tenseurs de courbures associés à g et $\widetilde{g}$ respectivement.

Preuve :
Par définition du tenseur de courbure, nous avons :

$$\widetilde{R}(X,Y)Z = \widetilde{\nabla}_X \widetilde{\nabla}_Y Z - \widetilde{\nabla}_Y \widetilde{\nabla}_X Z - \widetilde{\nabla}_{[X,Y]} Z. \tag{1.17}$$

Du Corollaire 1.5.1, on obtient :

$$\begin{aligned}
\widetilde{\nabla}_X \widetilde{\nabla}_Y Z &= \widetilde{\nabla}_X(\nabla_Y Z + Y(\gamma)Z + Z(\gamma)Y - g(Y,Z)grad(\gamma))\\
&= \nabla_X \nabla_Y Z + X(\gamma)\nabla_Y Z + (\nabla_Y Z)(\gamma)X - g(X,\nabla_Y Z)grad(\gamma)\\
&+ X(Y(\gamma))Z + Y(\gamma)[\nabla_X Z + X(\gamma)Z + Z(\gamma)X - g(X,Z)grad(\gamma)]\\
&+ X(Z(\gamma))Y + Z(\gamma)[\nabla_X Y + X(\gamma)Y + Y(\gamma)X - g(X,Y)grad(\gamma)]\\
&- Xg(Y,Z)grad(\gamma) - g(Y,Z)[\nabla_X grad(\gamma) + X(\gamma)grad(\gamma)\\
&+ grad(\gamma)(\gamma)X - g(X,grad(\gamma))grad(\gamma)]
\end{aligned} \quad (1.18)$$

$$\begin{aligned}
\widetilde{\nabla}_Y \widetilde{\nabla}_X Z &= \nabla_Y \nabla_X Z + Y(\gamma)\nabla_X Z + (\nabla_X Z)(\gamma)Y - g(Y,\nabla_X Z)grad(\gamma)\\
&+ Y(X(\gamma))Z + X(\gamma)[\nabla_Y Z + Y(\gamma)Z + Z(\gamma)Y - g(Y,Z)grad(\gamma)]\\
&+ Y(Z(\gamma))X + Z(\gamma)[\nabla_Y X + Y(\gamma)X + X(\gamma)Y - g(X,Y)grad(\gamma)].\\
&- Yg(X,Z)grad(\gamma) - g(X,Z)[\nabla_Y grad(\gamma)\\
&+ Y(\gamma)grad(\gamma) + grad(\gamma)(\gamma)Y - g(Y,grad(\gamma))grad(\gamma)]
\end{aligned} \quad (1.19)$$

$$\begin{aligned}
\widetilde{\nabla}_{[X,Y]}Z &= \nabla_{[X,Y]}Z + (\nabla_X Y)(\gamma)Z - (\nabla_Y X)(\gamma)Z + Z(\gamma)\nabla_X Y - Z(\gamma)\nabla_Y X\\
&- g(\nabla_X Y, Z)grad(\gamma) + g(\nabla_Y X, Z)grad(\gamma)
\end{aligned} \quad (1.20)$$

En substituant equations (1.18), (1.19) et (1.20) dans l'egalité (1.17), nous obtenons :

$$\begin{aligned}
\widetilde{R}(X,Y)Z &= R(X,Y)Z + (\nabla_Y Z)(\gamma)X - (\nabla_X Z)(\gamma)Y + X(Z(\gamma))Y\\
&- Y(Z(\gamma))X + Y(\gamma)Z(\gamma)X - X(\gamma)Z(\gamma)Y + g(X,Z)[\nabla_Y grad(\gamma)\\
&+ |grad(\gamma)|^2 Y] - g(Y,Z)[\nabla_X grad(\gamma) + |grad(\gamma)|^2 X]\\
&+ [X(\gamma)g(Y,Z) - Y(\gamma)g(X,Z)]grad(\gamma)
\end{aligned}$$

∎

Proposition 1.5.3. *Soient (M,g) une variété Riemannienne et $\widetilde{g} = e^{2\gamma}g$ une déformation conforme de la métrique g. Alors, pour tout $X \in \Gamma(TM)$ on a :*

$$\widetilde{Ricci}(X) = e^{-2\gamma}[Ricci(X) - \Delta(\gamma)X + (m-2)[X(\gamma)grad(\gamma) - |grad(\gamma)|^2 X \\ - \nabla_X grad(\gamma)]] \quad (1.21)$$

où Ricci et $\widetilde{Ricci}$ sont les tenseurs de Ricci associés à g et $\widetilde{g}$ respectivement.

Preuve :

Remarquons que si $(e_i)_{1\leq i\leq n}$, une base orthonormale associée à g, alors $(\widetilde{e}_i)_{1\leq i\leq n}$ est une base orthonormale associeé à $\widetilde{g}$, où
$$\widetilde{e}_i = e^{-\gamma}e_i,$$

Par définition du tenseur de Ricci, on obtient est donné par la relation :
$$\widetilde{Ricci}(X) = \sum_{i=1}^{n} \widetilde{R}(X, \widetilde{e_i})\widetilde{e_i} = e^{-2\gamma} \sum_{i=1}^{n} \widetilde{R}(X, e_i)e_i,$$

En substituant la dernière équation dans la formule (1.16) on a :

$$\widetilde{Ricci}(X) = \sum_{i=1}^{n} e^{-2\gamma} \widetilde{R}(X, e_i)e_i$$
$$= e^{-2\gamma} \sum_{i=1}^{n} \{R(X, e_i)e_i + (\nabla_{e_i} e_i)(\gamma)X - (\nabla_X e_i)(\gamma)e_i + X(e_i(\gamma))e_i - e_i(e_i(\gamma))X$$
$$+ e_i(\gamma)e_i(\gamma)X - X(\gamma)e_i(\gamma)e_i + g(X, e_i)[\nabla_{e_i} grad\gamma + |grad\gamma|^2 e_i]$$
$$- g(e_i, e_i)[\nabla_X grad\gamma + |grad\gamma|^2 X] + [X(\gamma)g(e_i, e_i) - e_i(\gamma)g(X, e_i)]grad\gamma\}.$$

Des égalités :
$$Ricci(X) = \sum_{i=1}^{m} R(X, e_i)e_i$$
$$grad\gamma = e_i(\gamma)e_i$$
$$\Delta(\gamma) = e_i(e_i(\gamma)) - (\nabla_{e_i} e_i)(\gamma)$$
$$X(\gamma) = g(X, grad\gamma)$$

on obtient :
$$\widetilde{Ricci}(X) = e^{-2\gamma}[Ricci(X) - \Delta(\gamma)X + (m-2)[X(\gamma)grad\gamma - |grad\gamma|^2 X]$$
$$+ \nabla_X grad\gamma - m\nabla_X grad\gamma - (\nabla_X e_i)(\gamma)e_i + X(e_i(\gamma))e_i]. \tag{1.22}$$

Comme
$$(\nabla_X e_i)(\gamma)e_i = g(\nabla_X e_i, grad\gamma)e_i$$
$$= X(g(e_i, grad\gamma))e_i - g(e_i, \nabla_X grad\gamma)e_i \tag{1.23}$$
$$= X(e_i(\gamma))e_i - \nabla_X grad\gamma.$$

On déduit que :
$$\widetilde{Ricci}(X) = e^{-2\gamma}[Ricci(X) - \Delta(\gamma)X + (m-2)[X(\gamma)grad(\gamma) - |grad(\gamma)|^2 X - \nabla_X grad(\gamma)]]$$

■

1.5.3 Courbure scalaire d'une métrique conforme Equation de Yamabe

Théorème 1.5.1. *Soient (M, g) une variété Riemannienne et $\widetilde{g} = k.g$ une déformation conforme de la métrique g. Si S et $\widetilde{S}$ désignent les courbures scalaires relativement aux métriques g et $\widetilde{g}$ respectivemnet, alors la relation entre $\widetilde{S}$ et S est donnée par l'équation de Yamabe suivante :*

$$S'.u^{(m+2)/(m-2)} = -\frac{4(m-1)}{m-2}\Delta_g u + S.u \tag{1.24}$$

où $k = u^{4/(m-2)}$ et $m \geq 3$.

Preuve : Si $(e_i)_{i=1}^m$ une base orthonormée de (M,g) telque $\nabla_{e_i} e_j = 0$, alors $\widetilde{e}_i = e^{-\gamma} e_i$ est une base ortonormé de $(M, \widetilde{g})$.
D'aprés la formule (1.21), avec $k = e^{2\gamma}$, on a :

$$\begin{aligned}
\widetilde{S} &= \sum_{i=1}^m \widetilde{g}(\widetilde{Ricci(\widetilde{e}_i, \widetilde{e}_i)}) \\
&= \sum_{i=1}^m e^{-2\gamma} \widetilde{g}(Ricci(\widetilde{e}_i) - \Delta(\gamma)\widetilde{e}_i + (m-2)[\widetilde{e}_i(\gamma)grad(\gamma) - |grad(\gamma)|^2 \widetilde{e}_i - \nabla_{\widetilde{e}_i} grad(\gamma))], \widetilde{e}_i) \\
&= \sum_{i=1}^m g(Ricci(\widetilde{e}_i) - \Delta(\gamma)\widetilde{e}_i + (m-2)[\widetilde{e}_i(\gamma)grad(\gamma) - |grad(\gamma)|^2 \widetilde{e}_i - \nabla_{\widetilde{e}_i} grad(\gamma))], \widetilde{e}_i) \\
e^{2\gamma}\widetilde{S} &= \sum_{i=1}^m g(Ricci(e_i), e_i) - \Delta(\gamma) \sum_{i=1}^m g(e_i, e_i) + (m-2) \sum_{i=1}^m g(e_i(\gamma)grad(\gamma), e_i) \\
&\quad - (m-2)|grad(\gamma)|^2 \sum_{i=1}^m g(e_i, e_i) - (m-2) \sum_{i=1}^m g(\nabla_{e_i} grad(\gamma))], e_i) \\
&= S - m.\Delta(\gamma) + (m-2) \sum_{i=1}^m g(grad(\gamma), e_i(\gamma) e_i) - m(m-2)|grad(\gamma)|^2 \\
&\quad - (m-2) \sum_{i=1}^m g(\nabla_{e_i} grad(\gamma))], e_i) \\
&= S - m.\Delta(\gamma) - (m-1)(m-2)|grad(\gamma)|^2 - (m-2) \sum_{i=1}^m g(\nabla_{e_i} grad(\gamma))], e_i) \\
&\quad - (m-2) \sum_{i=1}^m g(\nabla_{e_i} grad(\gamma))], e_i) \\
&= S - m.\Delta(\gamma) - (m-1)(m-2)|grad(\gamma)|^2 - (m-2) \sum_{i=1}^m \left\{ e_i g(grad(\gamma), e_i) - g(grad(\gamma), \nabla_{e_i} e_i) \right\} \\
&= S - m.\Delta(\gamma) - (m-1)(m-2)|grad(\gamma)|^2 - (m-2) \sum_{i=1}^m e_i(e_i(\gamma)) \\
&= S - m.\Delta(\gamma) - (m-1)(m-2)|grad(\gamma)|^2 - (m-2)\Delta(\gamma)
\end{aligned}$$

d'où
$$e^{2\gamma}\widetilde{S} = S - 2(m-1).\Delta(\gamma) - (m-1)(m-2)|grad(\gamma)|^2 \qquad (1.25)$$

Evaluant γ en fonction de u. On a :

$$\gamma = \frac{1}{2}\ln(k) = \ln(u^{4/(m-2)}) = \frac{2}{m-2}\ln(u)$$

1.5 Métrique conforme

$$\begin{aligned}
\Delta(\gamma) &= \sum_{i=1}^{m} e_i(e_i(\gamma)) \\
&= \frac{2}{m-2} \sum_{i=1}^{m} e_i(u^{-1} e_i(u)) \\
&= \frac{2.u^{-1}}{m-2} \sum_{i=1}^{m} e_i(e_i(u)) - \frac{2.u^{-2}}{m-2} \sum_{i=1}^{m} (e_i(u))^2 \\
&= \frac{2.u^{-1}}{m-2} \Delta(u) - \frac{2.u^{-2}}{m-2} |grad(u)|^2
\end{aligned} \qquad (1.26)$$

d'autre part, on a :
$$grad(\gamma) = \frac{2.u^{-1}}{m-2} grad(u)$$
d'où
$$|grad(\gamma)|^2 = \frac{4.u^{-2}}{(m-2)^2} |grad(u)|^2 \qquad (1.27)$$

Remplaçons (1.26) et (1.27) dans (1.25), on obtient :

$$\begin{aligned}
u^{4/(m-2)} \widetilde{S} &= S - 2(m-1).[\frac{2.u^{-1}}{m-2}\Delta(u) - \frac{2.u^{-2}}{m-2}|grad(u)|^2] \\
&\quad - (m-1)(m-2)\frac{4.u^{-2}}{(m-2)^2}|grad(u)|^2 \\
&= S - \frac{4(m-1)}{m-2}.u^{-1}\Delta(u) + \frac{4(m-1).u^{-2}}{m-2}|grad(u)|^2 \\
&\quad - (m-1)(m-2)\frac{4.u^{-2}}{(m-2)^2}|grad(u)|^2 \\
&= S - \frac{4(m-1)}{m-2}.u^{-1}\Delta(u)
\end{aligned}$$

d'où
$$u^{(m+2)/(m-2)} \widetilde{S} = S.u - \frac{4(m-1)}{m-2}\Delta(u)$$

∎

1.6 Applications harmoniques

Soient (M^m, g) et (N^n, h) deux variétés riemanniennes, D un domaine compacte de M et $\varphi : (M^m, g) \longrightarrow (N^n, h)$ une application de classe C^∞.
On définit l'énergie de φ sur D par :

$$E(\varphi; D) = \frac{1}{2} \int_D |d\varphi|^2 \, v_g, \qquad (1.28)$$

où $|d\varphi|$ est la norme de Hilbert Schmidt de la différentielle $d\varphi$ définie par :

$$|d\varphi|^2 = \sum_{i=1}^m h(d\varphi(e_i), d\varphi(e_i)), \qquad (1.29)$$

$\{e_1, ..., e_m\}$ étant une base orthonormée sur M et $v_g = \sqrt{\det g} \, dx^1...dx^m$ est l'élément de volume riemannien de (M^m, g).

Définition 1.6.1. *Une application $\varphi : (M^m, g) \longrightarrow (N^n, h)$ de classe C^∞, entre deux variétés riemanniennes est dite harmonique si elle est point critique de la fonctionnelle d'énergie $E(\varphi; D)$ pour tout domaine compacte $D \subset M$, i.e :*

$$\left. \frac{d}{dt} E(\varphi_t; D) \right|_{t=0} = 0, \qquad (1.30)$$

$\{\varphi_t\}$ étant une variation (de classe C^∞) de φ à support dans D.

Remarque 1.6.1. *Une variation de φ à support dans un domaine compacte $D \subset M$, est une famille d' applications $(\varphi_t)_{t\in(-\epsilon,\epsilon)} \subset C^\infty(M, N)$, telles que $\varphi_0 = \varphi$ et $\varphi_t = \varphi$ sur $M \setminus \text{int}(D)$.*

1.6.1 Première variation de l'énergie

Théorème 1.6.1 ([24]). *Soit $\varphi : (M^m, g) \longrightarrow (N^n, h)$ une application de classe C^∞ entre deux variétés riemanniennes et soit $\{\varphi_t\}$ une variation de classe C^∞ de φ à support dans un domaine compacte D. Alors :*

$$\left. \frac{d}{dt} E(\varphi_t; D) \right|_{t=0} = - \int_D h(v, \tau(\varphi)) \, v_g,$$

où $v = \left. \frac{d\varphi_t}{dt} \right|_{t=0}$ dénote le champ de vecteur de variation de $\{\varphi_t\}$,

$$\tau(\varphi) = \text{trace}_g \, \nabla d\varphi = \sum_{i=1}^m \{\nabla^\varphi_{e_i} d\varphi(e_i) - d\varphi(\nabla^M_{e_i} e_i)\}$$

où $\{e_1, ..., e_m\}$ est une base orthonormée sur (M^m, g).

Définition 1.6.2. $\tau(\varphi)$ *est appelé champ de tension de φ.*

Théorème 1.6.2 ([24]). *Une application $\varphi : (M^m, g) \longrightarrow (N^n, h)$ de classe C^∞ entre deux variétés riemanniennes est harmonique si et seulement si :*

$$\tau(\varphi) = \text{trace}_g \, \nabla d\varphi = 0. \qquad (1.31)$$

Chapitre 2

Variété Produit Tordu Généralisé

2.1 Métrique Riemannienne du Produit Tordu Généralisé

Définition 2.1.1. *Soient (M,g) et (N,h) deux variétés Riemanniennes de dimension m et n respectivement et $f: M \times N \to \mathbb{R}$ une fonction strictement positive de classe C^∞, la métrique Riemannienne produit tordu généralisé sur $M \times_f N$ est définie par*

$$G_f = \pi^* g + (f)^2 \eta^* h$$

pour tout $X, Y \in \mathcal{H}(M \times N)$ on a :

$$G_f(X,Y) = g(d\pi(X), d\pi(Y)) + (f)^2 h(d\eta(X), d\eta(Y))$$

On note par $X \wedge_{G_{f^2}} Y$, l'application linéaire :

$$\begin{aligned} X \wedge_{G_f} Y : \mathcal{H}(M \times N) &\to \mathcal{H}(M \times N) \\ Z &\mapsto (X \wedge_{G_f} Y)Z = G_f(Z,Y)X - G_f(Z,X)Y \end{aligned} \quad (2.1)$$

2.2 Connexion de levi-civita de la variété Produit Tordu Généralisé

Proposition 2.2.1. *Soient (M,g) et (N,h) des variétés Riemanniennes. Si $\overline{\nabla}$ désigne la connexion de levi-civit associé à la variété $(M \times_f N, G_f)$, alors pour tout $X_1, Y_1 \in \mathcal{H}(M)$, $X_2, Y_2 \in \mathcal{H}(N)$ on a :*

$$\begin{aligned} \overline{\nabla}_X Y &= \nabla_X Y + X(\ln f)(0, Y_2) + Y(\ln f)(0, X_2) \\ &\quad - \frac{1}{2} h(X_2, Y_2)(grad_M f^2, \frac{1}{f^2} grad_N f^2) \end{aligned}$$

où $X = (X_1, X_2)$ et $Y = (Y_1, Y_2)$.

Remarque 2.2.1. *Soient* $X_1, Y_1, Z_1 \in \mathcal{H}(M)$ *et* $X_2, Y_2, Z_2 \in \mathcal{H}(N)$, *on a* :

$$X(f^2).h(Y_2, Z_2) = 2X(\ln f)G_f((0, Y_2), Z) \qquad (2.2)$$

$$Y(f^2).h(X_2, Z_2) = 2Y(\ln f)G_f((0, X_2), Z) \qquad (2.3)$$

$$Z(f^2).h(X_2, Y_2) = h(X_2, Y_2)G_f((grad_M f^2, \frac{1}{f^2}grad_N f^2), Z) \qquad (2.4)$$

$$G_f(\nabla_X^{M \times N} Y, Z) = G_f((\nabla_{X_1}^M Y_1, \nabla_{X_2}^N Y_2), (Z_1, Z_2))$$

$$= g(\nabla_{X_1}^M Y_1, Z_1) \circ \pi + f^2.h(\nabla_{X_2}^N Y_2, Z_2) \circ \eta \qquad (2.5)$$

où $X = (X_1, X_2)$, $Y = (Y_1, Y_2)$ *et* $Z = (Z_1, Z_2)$.

Preuve de la Proposition :

De la formule de koszul on obtient

$$\begin{aligned}
2G_f(\overline{\nabla}_X Y, Z) &= X(G_f(Y, Z)) + Y(G_f(X, Z)) - Z(G_f(X, Y)) \\
&\quad + G_f(Z, [X, Y]) + G_f(Y, [Z, X]) - G_f\Big(X, [Y, Z]\Big) \\
&= X(g(Y_1, Z_1) \circ \pi + f^2.h(Y_2, Z_2) \circ \eta) + \\
&\quad Y(g(X_1, Z_1) \circ \pi + f^2.h(X_2, Z_2) \circ \eta) - \\
&\quad Z(g(X_1, Y_1) \circ \pi + f^2.h(X_2, Y_2) \circ \eta) \\
&\quad + g(Z_1, [X_1, Y_1]) \circ \pi + f^2.h(Z_2, [X_2, Y_2]) \circ \eta \\
&\quad + g(Y_1, [Z_1, X_1]) \circ \pi + f^2.h(Y_2, [Z_2, X_2]) \circ \eta \\
&\quad - g(X_1, [Y_1, Z_1]) \circ \pi - f^2.h(X_2, [Y_2, Z_2]) \circ \eta
\end{aligned}$$

$$\begin{aligned}
2G_f(\overline{\nabla}_X Y, Z) &= X_1(g(Y_1, Z_1) \circ \pi) + f^2.X_2(h(Y_2, Z_2) \circ \eta) + X(f^2).h(Y_2, Z_2) \\
&\quad + Y_1(g(X_1, Z_1) \circ \pi) + f^2.Y_2(h(X_2, Z_2) \circ \eta) + Y(f^2).h(X_2, Z_2) \\
&= -Z_1(g(Y_1, X_1) \circ \pi) - f^2.Z_2(h(Y_2, X_2) \circ \eta) - Z(f^2).h(Y_2, X_2) \\
&\quad + g(Z_1, [X_1, Y_1]) \circ \pi + f^2.h(Z_2, [X_2, Y_2]) \circ \eta \\
&\quad + g(Y_1, [Z_1, X_1]) \circ \pi + f^2.h(Y_2, [Z_2, X_2]) \circ \eta \\
&\quad - g(X_1, [Y_1, Z_1]) \circ \pi - f^2.h(X_2, [Y_2, Z_2]) \circ \eta \\
&= 2g(\nabla_{X_1}^M Y_1, Z_1) \circ \pi + 2f^2.h(\nabla_{X_2}^N Y_2, Z_2) \circ \eta \\
&\quad + X(f^2).h(Y_2, Z_2) + Y(f^2).h(X_2, Z_2) - Z(f^2).h(Y_2, X_2)
\end{aligned}$$

De la Remarque 2.2.1, on obtient :

$$G_f(\overline{\nabla}_X Y, Z) = G_f(\nabla_X^{M \times N} Y, Z) + G_f(X(\ln f).(0, Y_2), Z) + G_f(Y(\ln f).(0, X_2), Z)$$
$$-G_f(\frac{1}{2}h(X_2, Y_2).(grad_M f^2, \frac{1}{f^2}grad_N f^2), Z)$$
$$= G_f\Big(\nabla_X^{M \times N} Y + X(\ln f).(0, Y_2) + Y(\ln f).(0, X_2)$$
$$-\frac{1}{2}h(X_2, Y_2).(grad_M f^2, \frac{1}{f^2}grad_N f^2), Z\Big)$$

$\square$

Remarque 2.2.2. *De la proposition 2.2.1 on a :*

1. *Si* $f : (x, y) \in M \times N \longmapsto f(x, y)) = f(x)$, *alors*

$$\overline{\nabla}_X Y = \nabla_X Y + X_1(\ln f)\Big(0, Y_2\Big) + Y_1(\ln f)\Big(0, X_2\Big) - \frac{1}{2}h(X_2, Y_2)\Big(grad_M(f^2), 0\Big)$$

On retrouve la formule de la connexion de Levi-Civita du produit tordu.

2. *Si* $f : (x, y) \in M \times N \longmapsto f(x, y)) = f(y)$, *alors*

$$\overline{\nabla}_X Y = \nabla_X Y + X_2(\ln f)\Big(0, Y_2\Big) + Y_2(\ln f)\Big(0, X_2\Big) - \frac{1}{2}h(X_2, Y_2)\Big(0, \frac{1}{f^2}grad_N(f^2)\Big)$$
$$= (\nabla_{X_1}^M Y_1, \widehat{\nabla}_{X_2} Y_2)$$

On retrouve la formule de la connexion de Levi-Civita du produit des variété Riemannienne (M, g) *et* $(N, f^2 h)$, *avec*

$$\widehat{\nabla}_{X_2} Y_2 = \nabla_{X_2}^N Y_2 + X_2(\ln f) Y_2 + Y_2(\ln f) X_2 - h(X_2, Y_2) grad_N \ln f$$

(formule de la connexion de Levi-Civita associée à la déformation conforme de la métrique h par la fonction f^2)

Corollaire 2.2.1. *Pour tout* $X_1, Y_1 \in \mathcal{H}(M)$ *et* $X_2, Y_2 \in \mathcal{H}(N)$, *on a :*

$$\overline{\nabla}_{(X_1,0)}(Y_1, 0) = (\nabla_{X_1}^M Y_1, 0).$$
$$\overline{\nabla}_{(X_1,0)}(0, Y_2) = X_1(\ln f)(0, Y_2).$$
$$\overline{\nabla}_{(0,X_2)}(Y_1, 0) = Y_1(\ln f)(0, X_2)$$
$$\overline{\nabla}_{(0,X_2)}(0, Y_2) = (0, \nabla_{X_2}^N Y_2) + X_2(\ln f)(0, Y_2) + Y_2(\ln f)(0, X_2)$$
$$-\frac{1}{2}h(X_2, Y_2)(grad_M f^2, \frac{1}{f^2}grad_N f^2)$$

2.3 Tenseur de Courbure du Produit Tordu Généralisé

Proposition 2.3.1. *Soient (M, g) et (N, h) des variétés Riemanniennes et $f : M \times N \to \mathbb{R}$ une application lisse. Si R et $\overline{R}$ désignent les tenseurs de courbures de la variété Riemannienne produit $(M \times N, G)$ et de la variété Riemannienne produit tordu généralisé $(M \times_f N, G_f)$ respectivement, alors*

$$\overline{R}(X,Y)Z - R(X,Y)Z = \Big((\nabla^M_{Y_1} grad_M \ln f + Y_1(\ln f) grad_M \ln f, 0) \wedge_{G_f} (0, X_2)\Big)Z$$
$$- \Big((\nabla^M_{X_1} grad_M \ln f + X_1(\ln f) grad_M \ln f, 0) \wedge_{G_f} (0, Y_2)\Big)Z$$
$$+ \frac{1}{f^2}\bigg[(0, \nabla^N_{Y_2} grad_N \ln f - Y_2(\ln f) grad_N \ln f) \wedge_{G_f} (0, X_2)$$
$$- (0, \nabla^N_{X_2} grad_N \ln f - X_2(\ln f) grad_N \ln f) \wedge_{G_f} (0, Y_2) \qquad (2.6)$$
$$- (f^2 \mid grad_M \ln f \mid^2 + \mid grad_N \ln f \mid^2)(0, X_2) \wedge_{G_f} (0, Y_2)\bigg]Z$$
$$+ \Big[X_1(Z_2(\ln f)) + X_2(Z_1(\ln f))\Big](0, Y_2)$$
$$- \Big[Y_1(Z_2(\ln f)) + Y_2(Z_1(\ln f))\Big](0, X_2)$$

Pour tout $X_1, Y_1, Z_1 \in \mathcal{H}(M)$ et $X_2, Y_2, Z_2 \in \mathcal{H}(N)$, où $X = (X_1, X_2)$, $Y = (Y_1, Y_2)$ et $Z = (Z_1, Z_2)$

Preuve : On a :

$$\begin{aligned}\overline{R}\Big(X,Y\Big)Z &= \overline{R}\Big((X_1, X_2),(Y_1, Y_2)\Big)Z \\ &= \overline{R}\Big(\widetilde{X_1},\widetilde{Y_1}\Big)Z + \overline{R}\Big(\widetilde{X_1},\widehat{Y_2}\Big)Z + \overline{R}\Big(\widehat{X_2},\widetilde{Y_1}\Big)Z + \overline{R}\Big(\widehat{X_2},\widehat{Y_2}\Big)Z\end{aligned}$$

En développant chaque membre de l'équation, on obtient :

- $$\begin{aligned}\overline{R}(\widetilde{X_1},\widetilde{Y_1})\widetilde{Z_1} &= \overline{\nabla}_{\widetilde{X_1}}\overline{\nabla}_{\widetilde{Y_1}}\widetilde{Z_1} - \overline{\nabla}_{\widetilde{Y_1}}\overline{\nabla}_{\widetilde{X_1}}\widetilde{Z_1} - \overline{\nabla}_{[\widetilde{X_1},\widetilde{Y_1}]}\widetilde{Z_1}\\ &= (\nabla^M_{X_1}\nabla^M_{Y_1}Z_1, 0) - (\nabla^M_{Y_1}\nabla^M_{X_1}Z_1, 0) - (\nabla^M_{[X_1,Y_1]}Z_1, 0)\\ &= (R^M(X_1,Y_1)Z_1, 0)\end{aligned}$$
$$\begin{aligned}\overline{R}(\widetilde{X_1},\widetilde{Y_1})\widehat{Z_2} &= \overline{\nabla}_{\widetilde{X_1}}\overline{\nabla}_{\widetilde{Y_1}}\widehat{Z_2} - \overline{\nabla}_{\widetilde{Y_1}}\overline{\nabla}_{\widetilde{X_1}}\widehat{Z_2} - \overline{\nabla}_{[\widetilde{X_1},\widetilde{Y_1}]}\widehat{Z_2}\\ &= X_1(Y_1(\ln f))\widehat{Z_2} + X_1(\ln f)Y_1(\ln f)\widehat{Z_2} - Y_1(X_1(\ln f))\widehat{Z_2} - Y_1(\ln f)X_1(\ln f)\widehat{Z_2}\\ &\quad -[X_1,Y_1](\ln f)\widehat{Z_2}\\ &= 0.\end{aligned}$$

2.3 Tenseur de Courbure du Produit Tordu Généralisé

d'où
$$\overline{R}(\widetilde{X_1}, \widetilde{Y_1})Z = (R^M(X_1, Y_1)Z_1, 0)$$

- $\overline{R}(\widetilde{X_1}, \widehat{Y_2})(Z_1, 0) = \overline{\nabla}_{(X_1,0)} \overline{\nabla}_{(0,Y_2)}(Z_1, 0) - \overline{\nabla}_{(0,Y_2)} \overline{\nabla}_{(X_1,0)}(Z_1, 0)$
$= \overline{\nabla}_{(X_1,0)} Z_1(\ln f)(0, Y_2) - \overline{\nabla}_{(0,Y_2)}(\nabla^M_{X_1} Z_1, 0)$
$= X_1(Z_1(\ln f))(0, Y_2) + Z_1(\ln f)\overline{\nabla}_{(X_1,0)}(0, Y_2) - \overline{\nabla}_{(0,Y_2)}(\nabla^M_{X_1} Z_1, 0)$
$= X_1(Z_1(\ln f))(0, Y_2) + X_1(\ln f) Z_1(\ln f)(0, Y_2) - \nabla^M_{X_1} Z_1(\ln f)(0, Y_2)$
$= \{X_1(Z_1(\ln f)) + X_1(\ln f) Z_1(\ln f) - (\nabla^M_{X_1} Z_1)(\ln f)\}(0, Y_2)$
$= \{X_1(g(Z_1, grad_M \ln f)) + X_1(\ln f) g(Z_1, grad_M \ln f)$
$\quad - (\nabla^M_{X_1} Z_1)(\ln f)\}(0, Y_2)$
$= \{g(Z_1, \nabla^M_{X_1} grad_M \ln f) + X_1(\ln f) g(Z_1, grad_M \ln f)\}(0, Y_2)$
$= G_f\Big((\nabla^M_{X_1} grad_M \ln f + X_1(\ln f) grad_M \ln f, 0), Z\Big)(0, Y_2)$

Tenant compte de l'équation :

$$\overline{\nabla}_{\widetilde{X_1}} \overline{\nabla}_{\widehat{Y_2}} \widehat{Z_2} = X_1(\ln f)\Big[(0, \nabla^N_{Y_2} Z_2 + Z_2(\ln f))\widehat{Y_2} + Y_2(\ln f)\widehat{Z_2} - h(Y_2, Z_2)(0, grad_N \ln f)\Big]$$
$$+ X_1(Y_2(\ln f))\widehat{Z_2} + X_1(Z_2(\ln f))\widehat{Y_2} - \frac{1}{2} h(Y_2, Z_2)(\nabla^M_{X_1} grad_M f^2, 0)$$

on obtient :

$\overline{R}(\widetilde{X_1}, \widehat{Y_2})\widehat{Z_2} = -f^2 h(Y_2, Z_2)(\nabla^M_{X_1} grad_M \ln f + X_1(\ln f) grad_M \ln f, 0)$
$\quad + X_1(Z_2(\ln f))(0, Y_2)$
$= -G_f(\widehat{Y_2}, Z)(\nabla^M_{X_1} grad_M \ln f + X_1(\ln f) grad_M \ln f, 0) + X_1(Z_2(\ln f))(0, Y_2)$

d'où :

$\overline{R}(\widetilde{X_1}, \widehat{Y_2})Z = -((\nabla^M_{X_1} grad_M \ln f + X_1(\ln f) grad_M \ln f, 0) \wedge_{G_f} (0, Y_2))Z + X_1(Z_2(\ln f))\widehat{Y_2}$

- $\overline{R}(\widehat{X_2}, \widetilde{Y_1})Z = ((\nabla^M_{Y_1} grad_M \ln f + Y_1(\ln f) grad_M \ln f, 0) \wedge_{G_f} (0, X_2))Z - Y_1(Z_2(\ln f))\widehat{X_2}$

- $\overline{R}(\widehat{X_2}, \widehat{Y_2})\widetilde{Z_1} = X_2(Z_1(\ln f))\widehat{Y_2} - Y_2(Z_1(\ln f))\widehat{X_2}.$

Tenant compte des égalités :

$$\overline{\nabla}_{\widehat{X_2}}\overline{\nabla}_{\widehat{Y_2}}\widehat{Z_2} = (0, \nabla^N_{X_2}\nabla^N_{Y_2}Z_2) + X_2(\ln f)(0, \nabla^N_{Y_2}Z_2) + Y_2(\ln f)(0, \nabla^N_{X_2}Z_2) + Z_2(\ln f)(0, \nabla^N_{X_2}Y_2)$$
$$- \frac{1}{2}h(Y_2, Z_2)\Big[(0, 2\nabla^N_{X_2}grad_N \ln f) - X_2(\ln f)(grad_M f^2, 0)\Big]$$
$$\Big[(\nabla^N_{X_2}Z_2)(\ln f) + 2Y_2(\ln f)Z_2(\ln f) - (f^2 \mid grad_M \ln f \mid^2$$
$$+ \mid grad_N \ln f \mid^2)h(Y_2, Z_2)\Big]\widehat{X_2} - \frac{1}{2}\Big[h(\nabla^N_{Y_2}Z_2, X_2) + Y_2(\ln f)h(X_2, Z_2)$$
$$+ Z_2(\ln f)h(X_2, Y_2) + X_2(h(Y_2, Z_2))\Big](grad_M f^2, 2grad_N \ln f)$$
$$+ \Big[Z_2(\ln f)X_2(\ln f) + X_2(Z_2(\ln f))\Big]\widehat{Y_2} + \Big[Y_2(\ln f)X_2(\ln f) + X_2(Y_2(\ln f))\Big]\widehat{Y_2}$$
$$-\overline{\nabla}_{[\widehat{X_2},\widehat{Y_2}]}\widehat{Z_2} = -(0, \nabla^N_{[X_2,Y_2]}Z_2) - [X_2, Y_2](\ln f)\widehat{Z_2} - Z_2(\ln f)(0, [X_2, Y_2])$$
$$+ \frac{1}{2}h([X_2, Y_2], Z_2)(grad_M f^2, 2grad_N \ln f)$$

on obtient :

$$\overline{R}(\widehat{X_2}, \widehat{Y_2})\widehat{Z_2} = (0, R^N(X_2, Y_2)Z_2) - h(Y_2, Z_2)(0, \nabla^N_{X_2}grad_N \ln f)$$
$$+ h(X_2, Z_2)(0, \nabla^N_{Y_2}grad_N \ln f)$$
$$+ h(X_2(\ln f)Y_2 - Y_2(\ln f)X_2, Z_2)(0, grad_N \ln f)$$
$$- h(\nabla^N_{Y_2}grad_N \ln f - Y_2(\ln f)grad_N \ln f, Z_2)(0, X_2)$$
$$+ h(\nabla^N_{X_2}grad_N \ln f - X_2(\ln f)grad_N \ln f, Z_2)(0, Y_2)$$
$$- (f^2 \mid grad_M \ln f \mid^2 + \mid grad_N \ln f \mid^2)[h(Y_2, Z_2)(0, X_2) - h(X_2, Z_2)(0, Y_2)]$$

d'où :

$$\overline{R}(\widehat{X_2}, \widehat{Y_2})Z = (0, R^N(X_2, Y_2)Z_2) + X_2(Z_1(\ln f))(0, Y_2) - Y_2(Z_1(\ln f)(0, X_2)$$
$$\frac{1}{f^2}\Big[(0, \nabla^N_{Y_2}grad_N \ln f - Y_2(\ln f)grad_N \ln f) \wedge_{G_f} (0, X_2)$$
$$- (0, \nabla^N_{X_2}grad_N \ln f - X_2(\ln f)grad_N \ln f) \wedge_{G_f} (0, Y_2)$$
$$- (f^2 \mid grad_M \ln f \mid^2 + \mid grad_N \ln f \mid^2)(0, X_2) \wedge_{G_f} (0, Y_2)\Big]$$

$\square$

Corollaire 2.3.1. *Pour tout* $X_1, Y_1, Z_1 \in \mathcal{H}(M)$ *et* $X_2, Y_2, Z_2 \in \mathcal{H}(N)$, *on a* :

$$\overline{R}((X_1,0),(Y_1,0))(Z_1,0) = (R^M(X_1,Y_1)Z_1,0)$$
$$\overline{R}((X_1,0),(Y_1,0))(0,Z_2) = 0$$
$$\overline{R}((X_1,0),(0,Y_2))(Z_1,0) = G_f\Big((\nabla^M_{X_1}grad_M \ln f + X_1(\ln f)grad_M \ln f, 0), Z\Big)(0,Y_2)$$
$$\overline{R}((X_1,0),(0,Y_2))(0,Z_2) = -G_f(0,Y_2),Z)(\nabla^M_{X_1}grad_M \ln f + X_1(\ln f)grad_M \ln f, 0)$$
$$\qquad\qquad +X_1(Z_2(\ln f))(0,Y_2)$$
$$\overline{R}((0,X_2),(0,Y_2))(Z_1,0) = X_2(Z_1(\ln f))(0,Y_2) - Y_2(Z_1(\ln f))(0,X_2)$$
$$\overline{R}((0,X_2),(0,Y_2))(0,Z_2) = (0, R^N(X_2,Y_2)Z_2) - h(Y_2,Z_2)(0, \nabla^N_{X_2}grad_N \ln f)$$
$$\qquad\qquad +h(X_2,Z_2)(0, \nabla^N_{Y_2}grad_N \ln f)$$
$$\qquad\qquad +h(X_2(\ln f)Y_2 - Y_2(\ln f)X_2, Z_2)(0, grad_N \ln f)$$
$$\qquad\qquad -h(\nabla^N_{Y_2}grad_N \ln f - Y_2(\ln f)grad_N \ln f, Z_2)(0, X_2)$$
$$\qquad\qquad +h(\nabla^N_{X_2}grad_N \ln f - X_2(\ln f)grad_N \ln f, Z_2)(0, Y_2)$$
$$\qquad\qquad -(f^2 \mid grad_M \ln f \mid^2 + \mid grad_N \ln f \mid^2)[h(Y_2, Z_2)(0, X_2)$$
$$\qquad\qquad -h(X_2, Z_2)(0, Y_2)]$$

2.4 Courbure de Ricci du Produit Tordu Généralisé

Proposition 2.4.1. *Soient* (M^m, g) *et* (N^n, h) *deux variétés Riemanniennes de dimension* m *et* n *respectivement et* $f : M \times N \to \mathbb{R}$ *une fonction strictement positive de classe* C^∞. *La courbure de Ricci de la variété Produit Tordu Généralisé* $(M \times_f N, G_f)$ *est donnée par* :

$$Ric((X_1,0),(Y_1,0)) = Ric^M(X_1,Y_1) - ng(\nabla^M_{X_1}grad_M \ln f + X_1(\ln f)grad_M \ln f, Y_1)$$
$$= Ric^M(X_1,Y_1) - \frac{n}{f}g(\nabla^M_{X_1}grad_M f)$$
$$Ric((X_1,0),(0,Y_2)) = -nX_1(Y_2(\ln f))$$
$$Ric((0,X_2),(Y_1,0)) = h(X_2, grad_N(Y_1(\ln f))) - nX_2(Y_1(\ln f))$$
$$= X_2(Y_1(\ln f)) - nX_2(Y_1(\ln f))$$
$$= (1-n)X_2(Y_1(\ln f))$$
$$Ric((0,X_2),(0,Y_2)) = Ric^N(X_2,Y_2) + (2-n)h(\nabla^N_{X_2}grad_N \ln f - X_2(\ln f)grad_N \ln f, Y_2)$$
$$+ h(X_2,Y_2)\Big[(2-n) \mid grad_N \ln f \mid^2 - nf^2 \mid grad_M \ln f \mid^2 - \Delta_N(\ln f)$$
$$- f^2 \Delta_M(\ln f)\Big]$$

pour tout $X_1, Y_1 \in \mathcal{H}(M)$ *et* $X_2, Y_2 \in \mathcal{H}(N)$.

Lemme 2.4.1. *Si* $(E_1, ..., E_m)$ *(resp* $(F_1, ..., F_n)$*) est une base orthonormale de* (M^m, g) *(resp* (N^n, h)*) telle que* $\nabla_{E_s}E_i = 0$ *(resp* $\nabla_{F_k}F_j = 0$*)), alors* $((E_i, 0), (0, \frac{1}{f}F_j) : i = 1, ..., m, \quad j =$

2.4 Courbure de Ricci du Produit Tordu Généralisé

$1,...,n$) est une base orthonormale sur $(M \times_f N, G_f)$. et on a les formules suivantes :

$$\sum_j h(\nabla^N_{F_j} grad_N \ln f), F_j) = \Delta_N(\ln f)$$

$$\sum_j h(F_j, Y_2)h((\nabla^N_{X_2} grad_N \ln f), F_j) = h(\nabla^N_{X_2} grad_N \ln f, Y_2)$$

$$\sum_j h(F_j, Y_2)h(X_2, F_j) = h(X_2, Y_2)$$

Preuve :
En utilisant le Corollaire 2.3.1, et la définition 1.3.5 de la courbure de Ricci, (par sommation sur l'indice i), on a :

- $Ric(\widetilde{X_1}, \widetilde{Y_1}) = G_f(R(\widetilde{E_i}, \widetilde{X_1})\widetilde{Y_1}, \widetilde{E_i}) + \frac{1}{f^2}G_f(R(\widehat{F_i}, \widetilde{X_1})\widetilde{Y_1}, \widehat{F_i})$

   $= G_f((R^M(E_i, X_1)Y_1, 0), \widetilde{E_i})$

   $- \frac{1}{f^2}g(\nabla^M_{X_1} grad_M \ln f + X_1(\ln f) grad_M \ln f, Y_1)G_f(\widehat{F_i}, \widehat{F_i})$

   $= g(R_M(E_i, X_1)Y_1, E_i) - ng(\nabla^M_{X_1} grad_M \ln f + X_1(\ln f) grad_M \ln f, Y_1)$

   $= Ric^M(X_1, Y_1) - ng(\nabla^M_{X_1} grad_M \ln f + X_1(\ln f) grad_M \ln f, Y_1),$

- $Ric(\widetilde{X_1}, \widehat{Y_2}) = G_f(R(\widetilde{E_i}, \widetilde{X_1})\widehat{Y_2}, \widetilde{E_i}) + \frac{1}{f^2}G_f(R(\widehat{F_i}, \widetilde{X_1})\widehat{Y_2}, \widehat{F_i})$

   $= \frac{1}{f^2}h(Y_2, F_i)G_f((\nabla^M_{X_1} grad_M \ln f + X_1(\ln f) grad_M \ln f, 0), \widehat{F_i})$

   $- \frac{1}{f^2}X_1(Y_2(\ln f))G_f(\widehat{F_i}, \widehat{F_i})$

   $= -nX_1(Y_2(\ln f))$

- $Ric(\widehat{X_2}, \widetilde{Y_1}) = G_f(R(\widetilde{E_i}, \widehat{X_2})\widetilde{Y_1}, \widetilde{E_i}) + \frac{1}{f^2}G_f(R(\widehat{F_i}, \widehat{X_2})\widetilde{Y_1}, \widehat{F_i})$

   $= g(\nabla^M_{E_i} grad_M \ln f + E_i(\ln f) grad_M \ln f, Y_1)G_f(\widehat{X_2}, \widetilde{E_i})$

   $\frac{1}{f^2}F_i(Y_1(\ln f))G_f(\widehat{X_2}, \widehat{F_i}) - \frac{1}{f^2}X_2(Y_1(\ln f))G_f(\widehat{F_i}, \widehat{F_i})$

   $= F_i(Y_1(\ln f))h(X_2, F_i) - nX_2(Y_1(\ln f))$

   $= h(X_2, grad_N(Y_1(\ln f))) - nX_2(Y_1(\ln f))$

- $Ric(\widehat{X_2}, \widehat{Y_2}) = G_f(R(\widetilde{E_i}, \widehat{X_2})\widehat{Y_2}, \widetilde{E_i}) + \frac{1}{f^2}G_f(R(\widehat{F_i}, \widehat{X_2})\widehat{Y_2}, \widehat{F_i})$. (2.7)

En développant chaque terme de l'équation, on obtient :

$$G_f(R(\widetilde{E_i}, \widehat{X_2})\widehat{Y_2}, \widetilde{E_i}) = -f^2 h(X_2, Y_2)G_f((\nabla^M_{E_i} grad_M \ln f + E_i(\ln f) grad_M \ln f, \widetilde{E_i}))$$
$$+ E_i(Y_2(\ln f))G_f(\widehat{X_2}, \widetilde{E_i}) \qquad (2.8)$$
$$= -f^2 h(X_2, Y_2)\left[\Delta_M(\ln f) + | grad_M \ln f |^2\right]$$

De la Propsition 2.4.1 et le Lemme 2.4.1, on a :

$$G_f(\overline{R}((0,F_j),(0,X_2))(0,Y_2),(0,F_j)) = f^2 Ric^N(X_2,Y_2)$$
$$+ \frac{1}{f^2}G_f((0,\nabla^N_{X_2}grad_N \ln f)) \wedge_{G_f} (0,F_j))(0,Y_2),(0,F_j))$$
$$- \frac{1}{f^2}G_f((0,X_2(\ln f)grad_N \ln f)) \wedge_{G_f} (0,F_j))(0,Y_2),(0,F_j))$$
$$- \frac{1}{f^2}G_f((0,\nabla^N_{F_j}grad_N \ln f)) \wedge_{G_f} (0,X_2))(0,Y_2),(0,F_j))$$
$$+ \frac{1}{f^2}G_f((0,F_j(\ln f)grad_N \ln f)) \wedge_{G_f} (0,X_2))(0,Y_2),(0,F_j))$$
$$- \frac{1}{f^2}(f^2 \mid grad_M \ln f \mid^2)G_f(((0,F_j) \wedge_{G_f} (0,X_2))(0,Y_2),(0,F_j))$$
$$- \frac{1}{f^2}(\mid grad_N \ln f \mid^2)G_f(((0,F_j) \wedge_{G_f} (0,X_2))(0,Y_2),(0,F_j))$$
$$= f^2 Ric^N(X_2,Y_2)$$
$$+ f^2 h(Y_2,F_j)h(\nabla^N_{X_2}grad_N \ln f - X_2(\ln f)grad_N \ln f, F_j)$$
$$- f^2 h(Y_2, \nabla^N_{X_2}grad_N \ln f - X_2(\ln f)grad_N \ln f)h(F_j,F_j)$$
$$- f^2 h(Y_2,X_2)h(\nabla^N_{F_j}grad_N \ln f - F_j(\ln f)grad_N \ln f, F_j)$$
$$+ f^2 h(Y_2, \nabla^N_{F_j}grad_N \ln f - F_j(\ln f)grad_N \ln f)h(X_2,F_j)$$
$$- f^2(f^2 \mid grad_M \ln f \mid^2)(h(X_2,Y_2)h(F_j,F_j) - h(F_j,Y_2)h(X_2,F_j))$$
$$- f^2(\mid grad_N \ln f \mid^2)(h(X_2,Y_2)h(F_j,F_j) - h(F_j,Y_2)h(X_2,F_j))$$

$$\frac{1}{f^2}G_f(\overline{R}((0,F_j),(0,X_2))(0,Y_2),(0,F_j)) =$$
$$= Ric^N(X_2,Y_2) + h(Y_2,(\nabla^N_{X_2}grad_N \ln f - X_2(\ln f)grad_N \ln f))$$
$$- nh(Y_2,\nabla^N_{X_2}grad_N \ln f - X_2(\ln f)grad_N \ln f)$$
$$- h(Y_2,X_2)(\Delta_N(\ln f) - |grad_N \ln f|^2)$$
$$+ h(Y_2,\nabla^N_{X_2}grad_N \ln f) - h(Y_2,grad_N \ln f)h(X_2,grad_N \ln f)$$
$$- (f^2 \mid grad_M \ln f \mid^2 + \mid grad_N \ln f \mid^2)(nh(X_2,Y_2) - h(Y_2,X_2))$$

alors,

$$\frac{1}{f^2}G_f(\overline{R}((0,F_j),(0,X_2))(0,Y_2),(0,F_j)) = Ric^N(X_2,Y_2)$$
$$+ (2-n)h(Y_2,(\nabla^N_{X_2}grad_N \ln f - X_2(\ln f)grad_N \ln f)) \quad (2.9)$$
$$- h(Y_2,X_2)(\Delta_N(\ln f) - |grad_N \ln f|^2)$$
$$- (n-1)(f^2 \mid grad_M \ln f \mid^2 + \mid grad_N \ln f \mid^2)h(X_2,Y_2)$$

Substituant les formules (2.8) et (2.9) dans (2.7), on déduit :

$$\begin{aligned}Ric((0,X_2),(0,Y_2)) = {} & Ric^N(X_2,Y_2) + (2-n)h(X_2,Y_2)|grad_N \ln f|^2 \\ & + (2-n)h(\nabla^N_{X_2} grad_N \ln f - X_2(\ln f) grad_N \ln f, Y_2) \\ & - h(X_2,Y_2)\Big[nf^2 \mid grad_M \ln f \mid^2 + \Delta_N(\ln f) + f^2 \Delta_M(\ln f)\Big]\end{aligned}$$

$\square$

Corollaire 2.4.1. *Localement, les composantes du tenseur de Ricci du produit tordu généralisé $(M \times_f N, G_f)$ sont données par les formules suivantes :*

$$\begin{aligned}Ric_{ij} &= Ric^M_{ij} - \frac{n}{f}\nabla^M_i \nabla^M_j f & (2.10)\\ Ric_{ib} &= -n\nabla^M_i \nabla^N_b (\ln f) & (2.11)\\ Ric_{aj} &= (1-n)\nabla^N_a \nabla^M_j (\ln f)) & (2.12)\\ Ric_{ab} &= Ric^N_{ab} - h_{ab}\big[\Delta_N(\ln f) + f^2 \Delta_M(\ln f)\big] \\ & \quad - h_{ab}\big[nf^2 \mid grad_M \ln f \mid^2 + (n-2) \mid grad_N \ln f \mid^2 \big] \\ & \quad + (2-n)\big[\nabla^N_a \nabla^N_b \ln f - \nabla^N_a(\ln f)\nabla^N_b(\ln f))\big] & (2.13)\end{aligned}$$

$i, j = 1, ..., m$ et $a, b = 1, .., n$.

2.5 Courbure Scalaire du produit tordu généralisé

Théorème 2.5.1. *Si S^M, S^N et $\overline{S}$ désignent les courbures scalaire su (M^m, g), (N^n, h) et $(M \times_{G_f} N, G_f)$ respectivement, alors, on a la formule suivante :*

$$\begin{aligned}\overline{S} = {} & S^M + \frac{1}{f^2}S^N - 2n\Delta_M(\ln f) + \frac{2(1-n)}{f^2}\Delta_N(\ln f) \\ & - n(n-1)|grad_M \ln f|^2 - \frac{(n-1)(n-2)}{f^2}|grad_N \ln f|^2\end{aligned} \qquad (2.14)$$

Preuve : Soient $\{E_i, i = \overline{1,..m}\}$ and $\{F_a, a = \overline{1,..n}\}$ with respect to (M^m, g) and (N^n, h), such $\nabla^M_{E_i} E_j = 0$ and $\nabla^N_{F_a} F_b = 0$, we have :

$$\overline{S} = \sum_{i=1}^m Ric((E_i, 0), (E_i, 0)) + \frac{1}{f^2}\sum_{a=1}^n Ric((0, F_a), (0, F_a)) \qquad (2.15)$$

De la Proposition 2.4.1, on obtient

$$\begin{aligned}\sum_{i=1}^m Ric((E_i,0),(E_i,0)) = {} & S^M - n\sum_{i=1}^m g(\nabla^M_{E_i} grad_M \ln f, E_i) \\ & - n\sum_{i=1}^m g(E_i(\ln f)grad_M \ln f, E_i) \\ = {} & S^M - n|grad_M \ln f|^2 - n\Delta_M(\ln f).\end{aligned} \qquad (2.16)$$

$$\sum_{a=1}^{n} Ric((0,F_a),(0,F_a)) = S^N + (2-n)\sum_{a=1}^{n} h(\nabla_{F_a}^N grad_N \ln f, F_a)$$

$$+ (2-n)\sum_{a=1}^{n} \left[h(F_a,F_a) \mid grad_N \ln f \mid^2 - F_a(\ln f) h(grad_N \ln f, \overline{e}_a) \right]$$

$$- \sum_{a=1}^{n} h(F_a,F_a) \left[nf^2 \mid grad_M \ln f \mid^2 + \Delta_N(\ln f) + f^2 \Delta_M(\ln f) \right]$$

$$\sum_{a=1}^{n} Ric((0,F_a),(0,F_a)) = S^N + 2(1-n)\Delta_N(\ln f)$$
$$+ (2-n)(n-1) \mid grad_N \ln f \mid^2 \qquad (2.17)$$
$$- n^2 f^2 \mid grad_M \ln f \mid^2 - nf^2 \Delta_M(\ln f)$$

Substituant (2.16) et (2.17) dans (2.15), on déduit la formule (2.14). □

Corollaire 2.5.1. *Si* $U = f^{\frac{n+1}{2}}$ *et* $V = f^{\frac{n-2}{2}}$, $(n \geq 3)$, *alors*

$$\overline{S} = S^M + \frac{1}{f^2} S^N - \frac{4n}{n+1} U^{-1} \Delta_M U - \frac{4(n-1)}{n-2} V^{-\frac{n+2}{n-2}} \Delta_N V. \qquad (2.18)$$

Particular cases :

1. Si $f(x,y) = f(y)$, $n \geq 3$ et $g = 0$. De la formule (2.18), on obtient la formule de Yamabe associée à la métrique conforme

$$\overline{S}.V^{\frac{n+2}{n-2}} = S^N.V - \frac{4(n-1)}{n-2}\Delta_N V.$$

2. Si $f(x,y) = f(x)$. De la formule (2.18), on obtient la courbure scalaraire du produit tordu :

$$\overline{S}.U = S^M.U + S^N.U^{\frac{n-3}{n+1}} - \frac{4n}{n+1}\Delta_M U.$$

Résultat obtainu dans [30]

3. Si $n = 1$ alors $f = U$ et

$$\overline{S}.U = S^M.U + S^N.U^{-1} - 2\Delta_M U.$$

4. Si $n = 2$ et $\gamma = \ln f$ alors

$$\overline{S} = S^M + e^{-2\gamma} S^N - 4\Delta_M(\gamma) - 2e^{-2\gamma}\Delta_N(\gamma) - 2|grad_M \gamma|^2$$

Du Théorème 2.5.1 et le Corollaire 2.4.1, on déduit :

2.5 Courbure Scalaire du produit tordu généralisé

Corollaire 2.5.2. *Si* $\ln f(x,y) = f_1(x) + f_2(y)$, *on obtient alors les formules suivantes :*

$$Ric_{ij} = Ric_{ij}^M - \frac{n}{f}\nabla_i^M \nabla_j^M f \qquad (2.19)$$

$$Ric_{ib} = 0 \qquad (2.20)$$

$$Ric_{aj} = 0 \qquad (2.21)$$

$$Ric_{ab} = Ric_{ab}^N - h_{ab}[nf^2 \mid grad_M f_1 \mid^2 + \Delta_N(f_2) + f^2 \Delta_M(f_1)] \qquad (2.22)$$
$$+ (2-n)[\nabla_a^N \nabla_b^N f_2 + h_{ab} \mid grad_N f_2 \mid^2 - \nabla_a^N(f_2)\nabla_b^N(f_2))]$$

et

$$\overline{S} = S^M + e^{-2(f_1+f_2)}S^N - 2n\Delta_M(f_1) + 2(1-n)e^{-2(f_1+f_2)}\Delta_N(f_2)$$
$$- n(n-1)|grad_M f_1|^2 - (n-1)(n-2)e^{-2(f_1+f_2)}|grad_N f_2|^2 \qquad (2.23)$$

Théorème 2.5.2. *Soient* (M^m, g) *et* (N^n, h) *deux variétés compactes de courbures scalaire* S^M *et* S^N *respectivement et* $\ln f(x,y) = f_1(x) + f_2(y)$. *Si* G_f *est une métrique Riemannienne critique sur* $M \times N$, *alors le produit tordu* $(M \times_f N, G_f)$ *est l'espace Riemannien produit* $(M \times N, g \oplus h)$ *ou bien, on a :*

$$S^N = e^{2.f_2} + 2(n-1)\Delta_N(f_2) + (n-1)(n-2)|grad_n f_2|^2 \qquad (2.24)$$

Preuve : Soit
$$H = S^N + 2(1-n)\Delta_N(f_2) - (n-1)(n-2)|grad_N f_2|^2$$

Pour $i = 1, .., n$ et $a = 1, .., n$, de la formule (2.23), on obtien :

$$\nabla_i \nabla_a \overline{S} = \partial_i(\partial_a(e^{-2(f_1+f_2)}H))$$
$$= \partial_i(e^{-2(f_1+f_2)}(\partial_a(H) - 2H\partial_a(f_2))$$
$$\nabla_i \nabla_a \overline{S} = -2e^{-2(f_1+f_2)}\partial_i(f_1)[\partial_a(H) - 2H\partial_a(f_2)] \qquad (2.25)$$

D'autre part, de la formule (1.12) et le Corollaire 2.5.2, on a :

$$\nabla_i \nabla_a \overline{S} = 0. \qquad (2.26)$$

($R_{ia}^G = G_{ia} = 0$, $i = 1, ..., m$. et $a = 1, ..., n$).

De la formule (2.25), on obtient

$$\partial_i(f_1)[\partial_a(H) - 2H\partial_a(f_2)] = 0. \qquad (2.27)$$

Ainsi, la solution de l'équation (2.27) est donnée par :

$$f_1 = constant$$
$$or$$
$$H = e^{2.f_2}$$

Si $f_1 = constant$, alors l'éspace produit tordu $(M \times_f N, G_f)$ est un espace produit $(M \times N, g \oplus f^2 h)$ des variétés Riemannienne (M^m, g) et $(N^n, f^2.h)$. □

Remarque 2.5.1. *Dans lecas où* $f_2 = constant$, *on retrouve le résultat obtenu dans [44].*

Chapitre 3

Géometrie du fibré tangent d'ordre 1

3.1 Introduction

Notation 3.1.1. *Soit M une variété de dimension n, on note*

$$i : \Gamma(T^*M) \longrightarrow C^\infty(TM)$$
$$\omega \longrightarrow i\omega$$

l'application définie par :

$$i\omega : TM \longrightarrow R$$
$$(x, v) \longrightarrow \omega_x(v)$$

i *est une application $C^\infty(M)$-linéaire.*

Localement, on a

$$i\omega(x, v) = \omega_i(x)y^i \tag{3.1}$$

où $\omega = \omega_i dx^i$ et $v = y^i \frac{\partial}{\partial x^i}$

Proposition 3.1.1. *Soient $\widetilde{X}, \widetilde{Y} \in \Gamma(T(TM))$; Alors $\widetilde{X} = \widetilde{Y}$ si et seulement si pour tout $\omega \in \Gamma(T^*M)$, on a :*

$$\widetilde{X}(i\omega) = \widetilde{Y}(i\omega)$$

Preuve : Il suffit de démontrer que si $\widetilde{X}(i\omega) = 0$, pour tout $\omega \in \Gamma(T^*M)$, alors $\widetilde{X} = 0$

Localement si $\widetilde{X} = A^i \frac{\partial}{\partial x^i} + B^i \frac{\partial}{\partial y^i}$, on a :

$$\widetilde{X}(i\omega) = A^i \frac{\partial \omega_j}{\partial x^i} y^j + B^i \omega_i$$

d'où $\widetilde{X}(i\omega) = 0$, pour tout $\omega \in \Gamma(T^*M)$ si et seulement si $A^i = B^i = 0$, $\forall i = 1, ..., n$. ■

Remarque 3.1.1. *Si $f \in C^\infty(M)$ et $\widetilde{X} \in \Gamma(T(TM))$, alors localement on a :*

$$i(df)(x, y) = \frac{\partial f}{\partial x^i}(x) y^i \tag{3.2}$$

$$\widetilde{X}(i(df)) = A^i \frac{\partial^2 f}{\partial x^i \partial x^j} y^j + B^i \frac{\partial f}{\partial x^i} \tag{3.3}$$

où $\widetilde{X} = A^i \frac{\partial}{\partial x^i} + B^i \frac{\partial}{\partial y^i}$.

De la Remarque 3.1.1, on déduit :

Proposition 3.1.2. *Soient $\widetilde{X}, \widetilde{Y} \in \Gamma(T(TM))$; Alors $\widetilde{X} = \widetilde{Y}$ si et seulement si pour tout $f \in C^\infty(M)$, ona :*
$$\widetilde{X}(i(df)) = \widetilde{Y}(i(df))$$

Définition 3.1.1. *Soient $X \in \Gamma(TM)$ un champ de vecteur sur M. On défint les applications*
$$\begin{aligned} \gamma : \mathfrak{T}_q^p(M) &\to \mathfrak{T}_{q-1}^p(TM) \\ F &\mapsto \gamma(F) \\ \gamma_X : \mathfrak{T}_q^p(M) &\to \mathfrak{T}_{q-1}^p(TM) \\ F &\mapsto \gamma_X(F) \end{aligned}$$

localement par :
$$\gamma(F) = F_{h_1..h_q}^{k_1..k_p} y^{h_1} \frac{\partial}{\partial y^{k_1}} \otimes ... \otimes \frac{\partial}{\partial y^{k_p}} \otimes dx^{h_2} \otimes ... \otimes dx^{h_q} \tag{3.4}$$

$$\gamma_X(F) = F_{h_1..h_q}^{k_1..k_p} X^{h_1} \frac{\partial}{\partial y^{k_1}} \otimes ... \otimes \frac{\partial}{\partial y^{k_p}} \otimes dx^{h_2} \otimes ... \otimes dx^{h_q} \tag{3.5}$$

où : $q \geq 1$, $F = F_{h_1..h_q}^{k_1..k_p} \frac{\partial}{\partial x^{k_1}} \otimes ... \otimes \frac{\partial}{\partial x^{k_p}} \otimes dx^{h_1} \otimes ... \otimes dx^{h_q}$ *et* $X = X^j \frac{\partial}{\partial x^j}$.

Propriétés 3.1.1. .

1. La Définition 3.1.1 est indépendante de la carte choisie.
2. Si F est un champ de tenseurs de type $(1,1)$ sur la variété M, alors $\gamma(F)$ (resp $\gamma_X(F)$) est un champ de vecteurs sur TM, tel que localement :
$$\gamma(F) = F_j^i y^j \frac{\partial}{\partial y^i} \quad resp \quad \gamma_X(F) = F_j^i X^j \frac{\partial}{\partial y^i}.$$
   où $F = F_j^i \frac{\partial}{\partial x^i} \otimes dx^j$ et $X = X^j \frac{\partial}{\partial x^j}$.
3. Si $G \in \Gamma(T^*M)$ est une 1-forme sur la variété M, alors $\gamma(G) = iG$ (resp $\gamma_X(G) = G(X) \circ \pi$) est une fonction de classe C^∞ sur TM.
4. Si $f \in C^\infty(M)$ et $X \in \Gamma(TM)$, on pose : $\gamma(f) = \gamma_X(f) = 0$
5. Si ∇ est une connexion linéaire sur la variété M et $f \in C^{\infty(M)}$, alors
$$\nabla f = df, \quad \gamma(df) = \gamma(\nabla f) = i(df).$$

Proposition 3.1.3. *Si $F, G \in \mathfrak{T}_1^1(M)$ et $X \in \Gamma(TM)$, alors :*

1. $[\gamma_X F, \gamma_X G] = 0$
2. $[\gamma_X F, \gamma G] = \gamma_X(G \circ F)$
3. $[\gamma F, \gamma G] = \gamma(G \circ F) - \gamma(F \circ G)$

Preuve : Localement on a :

$$\begin{aligned}
[\gamma F, \gamma G] &= [F_j^i y^j \frac{\partial}{\partial y^i}, G_k^s y^k \frac{\partial}{\partial y^s}] \\
&= F_j^i y^j \frac{\partial}{\partial y^i}(G_k^s y^k)\frac{\partial}{\partial y^s} - G_k^s y^k \frac{\partial}{\partial y^s}(F_j^i y^j)\frac{\partial}{\partial y^i} \\
&= F_j^i y^j \delta_i^k G_k^s \frac{\partial}{\partial y^s} - G_k^s y^k \delta_s^j F_j^i \frac{\partial}{\partial y^i} \\
&= y^j G_k^s F_j^k \frac{\partial}{\partial y^s} - y^k F_s^i G_k^s \frac{\partial}{\partial y^i} \\
&= y^j (G \circ F)_j^s \frac{\partial}{\partial y^s} - y^k (F \circ G)_k^i \frac{\partial}{\partial y^i}
\end{aligned}$$

∎

Pour plus de détail voir K. Yano et S. Ihihara [70]

3.2 Relèvement Vertical

3.2.1 Relèvement Vertical d'une Fonction

Définition 3.2.1. *Soient M une variété de dimension m et (TM, π, M) le fibré vectoriel tangent associé. soit $f \in C^\infty(M)$, on définit le relèvement vertical f^V par :*

$$\begin{aligned}
f^V = f \circ \pi : TM &\longrightarrow \mathbb{R} \\
v \in T_x M &\longmapsto f^V(v) = f \circ \pi(v) \\
&\quad\quad\quad\;\; = f(x)
\end{aligned} \tag{3.6}$$

3.2.2 Relèvement Vertical d'un Champ de Vecteurs

Définition 3.2.2. *Un champ de vecteurs $\widetilde{X} \in \Gamma(T(TM))$ est dit vertical si et seulement si pour toute fonction $f \in C^\infty(M)$ on a*

$$\widetilde{X} f^V = 0. \tag{3.7}$$

Si $\begin{pmatrix} \widetilde{X}_1^h \\ \widetilde{X}_2^k \end{pmatrix}$ sont les composantes de $\widetilde{X}$ relativement à une carte induite $(\pi^{-1}(U), x^h, y^h)$ sur TM, alors pour toute fonction $f \in C^\infty(M)$ On a :

$$\widetilde{X} f^V = \widetilde{X}_1^h \frac{\partial f}{\partial x_h}$$

d'où

Proposition 3.2.1. *Un champ de vecteur $\widetilde{X} \in \Gamma(T(TM))$ est vertical sur TM si et seulement si relativement à une carte induite $(\pi^{-1}(U), x^h, y^h)$ sur TM, les coposantes de $\widetilde{X}$ verifient la condition*

$$\begin{pmatrix} \widetilde{X}_1^h \\ \widetilde{X}_2^k \end{pmatrix} = \begin{pmatrix} 0 \\ \widetilde{X}_2^k \end{pmatrix} \tag{3.8}$$

Remarques 3.2.1. *on a :*

1.
$$d_v\pi : T_v(TM) \to T_xM$$
$$Z = Z_1^i \frac{\partial}{\partial x^i}|_v + Z_2^j \frac{\partial}{\partial y^i}|_v \mapsto d\pi(Z) = Z_1^i \frac{\partial}{\partial x^i}|_x \tag{3.9}$$

2. $\mathcal{N}_v = Ker(d_v\pi)$ *est un sous espace vectoriel de T_vTM, appelé sous espace vertical.*

3. *Localement $\mathcal{N}_v$ est engendré par $(\frac{\partial}{\partial y^1}|_v, ..., \frac{\partial}{\partial y^m}|_v)$.*

4. $\mathcal{N} = \bigcup_{v \in TM} \mathcal{N}_v$ *est un sous fibré vectoriel de $T(TM)$*

5. $\widetilde{X} \in \Gamma(T(TM))$ *est un champ de vecteurs vertical si et seulement si $d\pi(\widetilde{X}) = 0$*

6. *Si $F \in \mathfrak{T}_1^1(M)$ et $X \in \Gamma(TM)$, alors $\gamma(F)$ et $\gamma_X(F)$ sont des champs de vecteur verticaux.*

Proposition 3.2.2. *Si $X \in \Gamma(TM)$ est un champ de vecteur sur M, alors il existe un unique champ de vecteur X^V sur TM verifiant :*

$$X^V(i\omega) = (\omega(X))^V \tag{3.10}$$

pour tout $\omega \in \Gamma(T^*M)$.

Preuve : L'unicité découle de la Proposition 3.1.1 et de la formule (3.10).

Localement si $(X^i)_i$ et $(\omega_i)_i$ et $(\widetilde{X}_1^h, \widetilde{X}_2^k)$ désignent les composantes de X, ω et X^V respectivement. Alors de la formule (3.10) on obtient :

$$\widetilde{X}_1^h(\frac{\partial}{\partial x_h}\omega_i)y^i + \widetilde{X}_2^k \omega_k = \omega_k X^k$$

d'où
$$\widetilde{X}_1^h = 0, \quad \widetilde{X}_2^k = X^k.$$

pour tout $h, k = 1..m$. ∎

Définition 3.2.3. *Soit $X \in \Gamma(TM)$ un champ de vecteurs sur M, le champ de vecteurs X^V qui vérifie l'équation (3.10) est appelé relèvement vertical de X à TM.*

3.2 Relèvement Vertical

Localement si le champ de vecteurs X a pour composantes $(X^h)_{h=1,..,m}$ relativement à une carte $(U, x^h)_h$ sur M. Alors le relèvement vertical X^V a pour composantes

$$X^V : \begin{pmatrix} 0 \\ X^h \end{pmatrix} \qquad (3.11)$$

par rapport à la carte induite $(\pi^{-1}(U), x^h, y^h)$ sur TM.

Remarque 3.2.1. *Le relèvement vertical X^V de X au fibré tangent TM est un champ de vecteurs vertical, et on a :*

$$X^V f^V = 0 \qquad (3.12)$$

pour tout $X \in \Gamma(TM)$ et $f \in C^\infty(M)$.

Propriétés 3.2.1. :
Soient $X, Y \in \Gamma(TM)$ $F \in \mathfrak{T}_1^1(M)$ et $f \in C^\infty(M)$, on a :
- $(X+Y)^V = X^V + Y^V$
- $(fX)^V = f^V X^V$
- $[X^V, Y^V] = 0$
- $[X^V, \gamma F] = \gamma_X F$

En effet pour tout $\omega \in \Gamma(T^*M)$, on a

$$[X^V, Y^V](i\omega) = X^V(Y^V(i\omega)) - Y^V(X^V(i\omega)) = X^V(\omega(Y)^V) - Y^V((\omega(X)^V) = 0$$

Localement, on a :

$$[X^V, \gamma F] = [X^i \frac{\partial}{\partial y^i}, y^j F_j^s \frac{\partial}{\partial y^s}] = X^i F_i^s \frac{\partial}{\partial y^s} = \gamma_X F$$

Remarques 3.2.2. .

- $\mathcal{N}_v = \{X_v^V; X \in \Gamma(TM)\}$

- *Soient $u \in T_x M$ et $X \in \Gamma(TM)$ tel que $X_x = u$, on note :*

$$u^V = X_{(x,u)}^V \qquad (3.13)$$

appelé relèvement vertical de u. D'aprés la formule (3.11), cette définition est indépendante du choix de X.

- *L'application :*

$$\begin{aligned} TM &\mapsto \subset TTM \\ (x,u) &\mapsto u^V \in T_{(x,u)}TM \end{aligned}$$

est une section de classe C^∞ sur TM, donc un champ de vecteurs sur TM.

- *Soient $x \in M$ et $v \in T_xM$, alors L'application*

$$\begin{aligned} T_xM &\to \mathcal{N}_v \\ u &= u^V \end{aligned}$$

est un isomorphisme linéaire.

3.2.3 Relèvement Vertical d' une 1-Forme

Définition 3.2.4. *Une 1- forme $\widetilde{\omega} \in \Gamma(T^*(TM))$ sur TM, est dite verticale si :*

$$\widetilde{\omega}(X^V) = 0 \qquad (3.14)$$

pour tout $X \in \Gamma(TM)$

Localement, si $(\widetilde{\omega}_i^1, \widetilde{\omega}_j^2)$ désignent les composantes de $\widetilde{\omega}$ par rapport à une carte induite $(\pi^{-1}(U), x^h, y^h)$ sur TM. Alors de la formule (3.14), on obtient :

$$\widetilde{\omega}(X^V) = \widetilde{\omega}_j^2 X^j = 0$$

pour tout $X \in \Gamma(TM)$, d'où localement

$$\widetilde{\omega} : \begin{pmatrix} \widetilde{\omega}_i^1 \\ 0 \end{pmatrix} \qquad (3.15)$$

Proposition 3.2.3. *Si $f \in C^\infty(M)$ est une fonction de classe C^∞ sur M, alors $d(f^V)$ est une 1-forme verticale sur le fibré tangent TM.*

Preuve : De la relation (3.12), on a :

$$d(f^V)(X^V) = X^V(f^V) = 0$$

pour tout $X \in \Gamma(TM)$ ∎

Définition 3.2.5. *Soit $\omega \in \Gamma(T^*M)$. Le relèvement vertical ω^V de la 1-forme ω est définit localement par*

$$\omega^V = (\omega_i)^V dx^i \qquad (3.16)$$

où $\omega = \omega_i dx^i$, relativement à une carte (U, x^i) sur M.

Cette définition est independante de la carte choisie, en tenant compte que si $(dx^i)_i$ est une base locale de $\Gamma(T^*M)$, elle induit alors $(dx^i, dy^j)_{i,j}$ une base locale de $\Gamma(T^*(TM))$.

Remarque 3.2.2. *Le relèvement vertical ω^V de ω au fibré TM est une 1-forme verticale :*

$$\omega^V(X^V) = 0 \qquad (3.17)$$

pour tout $\omega \in \Gamma(TM^*)$ et $X \in \Gamma(TM)$

Proposition 3.2.4. *Soient $f, g \in C^{\infty}(M)$. Alors :*

$$(df)^V = d(f^V) \tag{3.18}$$

$$(gdf)^V = g^V d(f^V) \tag{3.19}$$

Preuve : Localement, on a :

$$d(f^V) = \frac{\partial(f \circ \pi)}{\partial x^i} dx^i + \frac{\partial(f \circ \pi)}{\partial y^i} dy^i = \frac{\partial(f \circ \pi)}{\partial x^i} dx^i = (df)^V$$

∎

Remarque 3.2.3. *De la Proposition 3.2.4, on obtient :*

$$d((fg)^V) = d(f^V.g^V) = g^V.d(f^V) + f^V.d(g^V) = (d(fg))^V$$

Propriété 3.2.1. on a pour tout $\omega, \theta \in \Gamma(TM^*)$ et $f \in C^{\infty}(M)$:

$$(\omega + \theta)^V = \omega^V + \theta^V \tag{3.20}$$
$$(f\omega)^V = f^V \omega^V \tag{3.21}$$

Si (U, x^h) est une carte sur la variété M, alors de la formule (3.16) on obtient :

$$(dx^h)^V = dx^h \tag{3.22}$$

par rapport à la carte induite $(\pi^{-1}(U), x^h, y^h)$ sur TM.

3.2.4 Relèvement Vertical des Champs de Tenseurs

Soient $P, Q, R, S \in \mathfrak{T}_p^q(M)$ des champs de tenseurs. On pose :

$$(P \otimes Q)^V = P^V \otimes Q^V \tag{3.23}$$
$$(R + S)^V = R^V + S^V$$

Si $F \in \mathfrak{T}_1^1(M)$ est un tenseur de type $(1,1)$, tel que $F_i^h \frac{\partial}{\partial x_h} \otimes dx^i$ relativement à une carte (U, x^i) sur M, alors de la relation (3.23), on a :

$$\begin{aligned} F^V &= (F_i^h \frac{\partial}{\partial x_h} \otimes dx^i)^V \\ &= (F_i^h)^V (\frac{\partial}{\partial x_h})^V \otimes (dx^i)^V \\ &= (F_i^h)^V (\frac{\partial}{\partial y_h}) \otimes dx^i \end{aligned}$$

d'où F^V a pour composantes :

$$F^V : \begin{pmatrix} 0 & 0 \\ F_i^h & 0 \end{pmatrix} \tag{3.24}$$

3.2 Relèvement Vertical [N.E.H. Djaa]

De même, si $G \in \mathfrak{T}_2^0(M)$ tel que $G = G_{ij}dx^i \otimes dx^j$ et $H \in \mathfrak{T}_0^2$ tel que $H = H^{ih}\frac{\partial}{\partial x_i} \otimes \frac{\partial}{\partial x_h}$, alors :

$$G^V : \begin{pmatrix} G_{ij} & 0 \\ 0 & 0 \end{pmatrix} \tag{3.25}$$

$$H^V : \begin{pmatrix} 0 & 0 \\ 0 & H^{ih} \end{pmatrix} \tag{3.26}$$

par rapport à la carte induite $(\pi^{-1}(U), x^h, y^h)$ sur TM.

Proposition 3.2.5. *Pour tout $\omega \in \mathfrak{T}_1^0(M)$ on a :*

$$d\omega^V = (d\omega)^V \tag{3.27}$$

Preuve : Si $\omega = \omega_i dx^i$ par rapport à la carte (U, x^i) sur M, alors

$$\omega^V = (\omega_i dx^i)^V = \omega_i dx^i$$

$$\begin{aligned} d\omega^V &= \frac{\partial \omega_i}{\partial x_j} dx^j \wedge dx^i \\ &= \frac{1}{2}(\frac{\partial \omega_i}{\partial x_j} - \frac{\partial \omega_j}{\partial x_i}) dx^i \otimes dx^j \end{aligned}$$

et

$$\begin{aligned} (d\omega)^V &= (d(\omega_i) \wedge dx^i)^V \\ &= \frac{1}{2}(\frac{\partial \omega_i}{\partial x_j} - \frac{\partial \omega_j}{\partial x_i}) dx^i \otimes dx^j \end{aligned}$$

Relativement à la carte induite $(\pi^{-1}(U), x^h, y^h)$, $d(\omega^V)$ a pour composantes :

$$d(\omega^V) : \begin{pmatrix} \frac{1}{2}(\frac{\partial \omega_i}{\partial x_j} - \frac{\partial \omega_j}{\partial x_i}) & 0 \\ 0 & 0 \end{pmatrix}$$

∎

Proposition 3.2.6. *Soit $F \in \mathfrak{T}_1^1(M)$ un champ de tenseurs de type $(1,1)$ sur la variété M, alors*

$$\begin{aligned} F^v : TM &\to TTM \\ (x,u) &\mapsto F^v(x,u) = (F_x(u))^V \end{aligned} \tag{3.28}$$

est un champ de vecteurs sur TM.
Relativement à une carte induite $(\pi^{-1}(U), x^i, y^j)$, on a :

$$F^v = y^i F_i^j \frac{\partial}{\partial y^j} = y^i (F(\frac{\partial}{\partial x^i}))^V = \gamma(F)$$

3.3 Relèvement Complet

3.3.1 Relèvement Complet d'une fonction

Définition 3.3.1. *Soit f une fonction de M.On définit le Relèvement Complet de f, noté f^C de M au fibré TM par*

$$f^C = idf \qquad (3.29)$$

$$f^C : TM \longrightarrow \mathbb{R}$$
$$v \longmapsto df(v)$$

Relativement à une carte induite $(\pi^{-1}(U), x^h, y^h)$ *sur TM, on a*

$$f^C(x,y) = y^i \frac{\partial f}{\partial x_i}(x) = (\partial f)(x).$$

De la Proposition 3.1.2, on conclus que cette famille de fonctions joue un rôle important dans la caractérisation des champs de vecteurs sur le fibré tangent TM et on a :

Proposition 3.3.1. *Soient $\widetilde{X}$ et $\widetilde{Y}$ deux champs de vecteurs sur TM. Si pour tout fonction $f \in C^\infty(M)$ on a :*

$$\widetilde{X}(f^C) = \widetilde{Y}(f^C)$$

Alors $\widetilde{X} = \widetilde{Y}$.

Propriétés 3.3.1. *Soit $X \in \Gamma(TM)$,$F \in \mathfrak{T}_1^1(M)$ et $g, f \in C^\infty(M)$ on a :*

$$X^V(f^C) = (X(f))^V \qquad (3.30)$$
$$(gf)^C = g^C f^V + g^V f^C \qquad (3.31)$$
$$(g+f)^C = g^C + f^C \qquad (3.32)$$
$$(\gamma F)(f^C) = \gamma(df \circ F) \qquad (3.33)$$

Localement, si $F = F_i^j \frac{\partial}{\partial x^i} \otimes dx^j$, alors :

$$(\gamma F)(f^C) = y^i F_i^j \frac{\partial}{\partial y^j}(y^s \frac{\partial f}{\partial x^s}) = y^i F_i^j \delta_j^s \frac{\partial f}{\partial x^s}) = y^i F_i^s \frac{\partial f}{\partial x^s} = \gamma(df \circ F)$$

Remarque 3.3.1. *Si (U, x^i) est une carte sur la variété M, alors $(\pi^{-1}(U), (x^i)^V, (x^j)^C$ est la carte induite sur le fibré tangent TM*

3.3.2 Relèvement Complet d'un Champ de Vecteurs

Définition 3.3.2. *Le relèvement Complet d'un champ de vecteurs X sur M est l'unique champ de vecteurs X^C sur le fibré tangent TM tel que*

$$X^C f^C = (Xf)^C \qquad (3.34)$$

pour tout $f \in C^\infty(M)$

L'unicité découle de la Proposition 3.3.1 et l'existence provient de la proprsition suivante :

Proposition 3.3.2. *Si X est un champ de vecteurs de composantes $(X^h)_h$ par rapport à une carte (U, x^h) sur M, alors le relèvement complet X^C a pour composantes*

$$X^C : \begin{pmatrix} X^h \\ \partial X^h \end{pmatrix} \qquad (3.35)$$

relativement à la carte induite $(\pi^{-1}(U), x^h, y^h)$ sur TM, où $\partial X^h = y^i \frac{\partial X^h}{\partial x_i}$.

Preuve : Soient $\begin{pmatrix} \widetilde{X}_1^h \\ \widetilde{X}_2^k \end{pmatrix}$ les composantes de X^C par rapport à la carte induite $(\pi^{-1}(U), x^h, y^h)$ sur TM. De la formule (3.34), pour toute $f \in C^\infty(M)$, on a :

$$\begin{aligned} X^C(f^C) &= \widetilde{X}_1^i (\frac{\partial^2 f}{\partial x_i \partial x_j}) y^j + \widetilde{X}_2^j \frac{\partial f}{\partial x_j} \\ &= (Xf)^C \\ &= y^i \frac{\partial}{\partial x_i}(X^j \frac{\partial f}{\partial x_j}) \\ &= X^j y^i (\frac{\partial^2 f}{\partial x_i \partial x_j}) + (y^i \frac{\partial X^j}{\partial x_i}) \frac{\partial f}{\partial x_j} \end{aligned}$$

d'où $\widetilde{X}_1^i = X^i$ et $\widetilde{X}_2^j = y^i \frac{\partial X^j}{\partial x_i}$; $(i, j = 1, .., m)$. ■

Proposition 3.3.3. *Soient $f \in C^\infty(M)$, $X \in \Gamma(TM)$ et $\omega \in \Gamma(TM^*)$, on a :*

$$\begin{aligned} X^C + Y^C &= (X+Y)^C & (3.36) \\ (fX)^C &= f^C X^V + f^V X^C & (3.37) \\ X^C f^V &= (Xf)^V & (3.38) \\ \omega^V(X^C) &= (\omega(X))^V & (3.39) \end{aligned}$$

Preuve : :

1) Les formules (3.36) et (3.37) sont des conséquences directes de la Définition 3.3.2 et des Propriétés 3.3.1.

2) Localement, on a :

$X^C f^V = X^i \frac{\partial}{\partial x^i}(f \circ \pi) + y^i \frac{\partial X^j}{\partial x_i} \frac{\partial}{\partial y^i}(f \circ \pi) = X^i \frac{\partial}{\partial x^i}(f \circ \pi) = (Xf)^V$

$\omega^V(X^C) = \omega_s dx^s (X^i \frac{\partial}{\partial x^i} + y^i \frac{\partial X^j}{\partial x_i} \frac{\partial}{\partial y^i}) = \omega_s dx^s(X^i \frac{\partial}{\partial x^i}) = (\omega_s X^s) \circ \pi = \omega(X))^V$ ■

Proposition 3.3.4. *Soient $X, Y \in \Gamma(TM)$ et $F \in \mathfrak{T}_1^1(M)$, on a :*

$$[X^V, Y^V] = 0 \tag{3.40}$$
$$[X^V, Y^C] = [X,Y]^V \tag{3.41}$$
$$[X^C, Y^C] = [X,Y]^C \tag{3.42}$$
$$[X^C, \gamma F] = \gamma(\mathcal{L}_X F) \tag{3.43}$$

Preuve : Utilisant la proposition de caractérisation (Proposition 3.3.1), soit $f \in C^\infty(M)$, on a :

-
$$\begin{aligned}[][X^V, Y^V](f^C) &= X^V(Y^V(f^C)) - Y^V(X^V(f^C)) \\ &= X^V(Yf)^V - Y^V(Xf)^V \\ &= 0. \end{aligned}$$

-
$$\begin{aligned}[][X^V, Y^C](f^C) &= X^V(Y^C(f^C)) - Y^C(X^V(f^C)) \\ &= X^V(Yf)^C - Y^C(Xf)^V \\ &= (X(Yf))^V - (Y(Xf))^V \\ &= ([X,Y]f)^V \\ &= [X,Y]^V f^C \end{aligned}$$

- De même, on obtient :
$$\begin{aligned}[][X^C, Y^C](f^C) &= X^C(Y^C(f^C)) - Y^C(X^C(f^C)) \\ &= (XYf)^C - (YXf)^C \\ &= ([X,Y]f)^C \\ &= [X,Y]^C f^C \end{aligned}$$

- Localement, on a :

d'une part
$$\begin{aligned} \mathcal{L}_X F &= \mathcal{L}_X F(\frac{\partial}{\partial x^i}) \otimes dx^i \\ &= \{[X, F(\frac{\partial}{\partial x^i})] - F([X, \frac{\partial}{\partial x^i}])\} \otimes dx^i \\ &= \{[X^s \frac{\partial}{\partial x^s}, F_i^j \frac{\partial}{\partial x^j}] - F([X^s \frac{\partial}{\partial x^s}, \frac{\partial}{\partial x^i}])\} \otimes dx^i \\ &= \{X^s \frac{\partial F_i^k}{\partial x^s} - F_i^j \frac{\partial X_k}{\partial x^j} + F_s^k \frac{\partial X_s}{\partial x^i}\} \frac{\partial}{\partial x^k} \otimes dx^i \end{aligned}$$

et d'autre part

$$\begin{aligned}
[X^C, \gamma F] &= [X^s \frac{\partial}{\partial x^s} + y^i \frac{\partial X^s}{\partial x^i} \frac{\partial}{\partial y^s}, y^k F_k^j \frac{\partial}{\partial y^j}] \\
&= y^k X^s \frac{\partial F_k^j}{\partial x^s} \frac{\partial}{\partial y^j} + y^i \frac{\partial X^s}{\partial x^i} \delta_s^k F_k^j \frac{\partial}{\partial y^j} - y^k F_k^j \delta_j^i \frac{\partial X^s}{\partial x^i} \frac{\partial}{\partial y^s} \\
&= y^i X^s \frac{\partial F_s^k}{\partial x^s} \frac{\partial}{\partial y^k} + y^i \frac{\partial X^s}{\partial x^i} F_s^j \frac{\partial}{\partial y^j} - y^k F_k^i \frac{\partial X^s}{\partial x^i} \frac{\partial}{\partial y^s} \\
&= y^i \{X^s \frac{\partial F_s^k}{\partial x^s} + \frac{\partial X^s}{\partial x^i} F_s^k - F_i^j \frac{\partial X^k}{\partial x^j}\} \frac{\partial}{\partial y^k} \\
&= \gamma(\mathcal{L}_X F).
\end{aligned}$$

∎

Remarque 3.3.2. *Relativement à une carte induite* $(\pi^{-1}(U), x^h, y^h)$ *sur* TM, *pour tout* $i = 1, .., m$, *on a* :

$$(\frac{\partial}{\partial x_i})^C = \frac{\partial}{\partial x_i} \tag{3.44}$$

3.3.3 Relèvement Complet d' une 1-Forme

Théorème de caractérisation des formes différentielles

Théorème 3.3.1. *Soient* $\widetilde{\omega}, \widetilde{\theta} \in \Gamma(T^*(TM))$ *deux formes sur* TM. *Alors* $\widetilde{\omega} = \widetilde{\theta}$ *Si et seulement si pour tout* $X \in \Gamma(TM)$ *on a* :

$$\widetilde{\omega}(X^C) = \widetilde{\theta}(X^C)$$

Preuve : Il suffit de démontrer que si $\widetilde{\omega}(X^C) = 0$ pour tout $X \in \Gamma(TM)$, alors $\widetilde{\omega} = 0$.

Localement si $X = X^i \frac{\partial}{\partial x_i}$ (resp $\widetilde{\omega} = \widetilde{\omega}_i^1 dx^i + \widetilde{\omega}_j^2 dy^j$) relativement à la carte (U, x^i) sur M (resp à la carte induite $(\pi^{-1}(U), x^h, y^h)$ sur TM) , alors

$$\widetilde{\omega}(X^C) = \widetilde{\omega}_h^1 X^h + \widetilde{\omega}_k^2 y^i \frac{\partial X^k}{\partial x_i} = 0$$

d'où $\quad \widetilde{\omega}_h^1 = 0 = \widetilde{\omega}_k^2; \quad h, k = 1, ..., m.$

∎

D'une manière plus générale on a :

Théorème 3.3.2. *Si* $\widetilde{\omega}, \widetilde{\theta} \in \mathfrak{T}_p^0(TM))$ *(resp* $\in \mathfrak{T}_p^1(TM)$*), tels que pour tout* $X_1, .., X_p \in \Gamma(TM)$:

$$\widetilde{\omega}(X_1^C, ..., X_p^C) = \widetilde{\theta}(X_1^C, ..., X_p^C).$$

Alors $\widetilde{\omega} = \widetilde{\theta}$.

Proposition 3.3.5. *Soit $\omega \in \Gamma(T^*M)$, il existe une unique $\omega^C \in \Gamma(T^*(TM))$ telle que pour tout $X \in \Gamma(TM)$, on a*
$$\omega^C(X^C) = (\omega(X))^C \tag{3.45}$$

Preuve : Du Théorème 3.3.1, découle l'unicité. Localement si $X = X^i \frac{\partial}{\partial x^i}$, $\omega = \omega_i dx^i$ et $\omega^C = \widetilde{\omega}_i dx^i + \widehat{\omega}_j dy^j$, alors

$$\begin{aligned}
\omega^C(X^C) &= \widetilde{\omega}_i X^i + \widehat{\omega}_j (y^i \frac{\partial X^j}{\partial x_i}) \\
&= (\omega X)^C \\
&= y^i \frac{\partial(\omega_h X^h)}{\partial x_i} \\
&= (y^i \frac{\partial \omega_h}{\partial x_i}) X^h + \omega_h (y^i \frac{\partial X^h}{\partial x_i})
\end{aligned}$$

d'où $\widetilde{\omega}_i = \partial \omega_i = (y^i \frac{\partial \omega_h}{\partial x_i})$ et $\widehat{\omega}_j = \omega_j$ $i, j = 1, ..., m$. On pose alors, localement

$$X^C = \partial \omega_i \frac{\partial}{\partial x^i} + \omega_j \frac{\partial}{\partial y^j}$$

∎

Définition 3.3.3. *Soit $\omega \in \Gamma(T^*M)$, l'unique forme $\omega^C \in \Gamma(T^*(TM))$ qui vérifie la formule (3.45) est appelée relèvement complet de ω.*

Proposition 3.3.6. *Si ω est une 1-forme sur M de composantes (ω_i) par rapport à une carte (U, x^h), alors le relèvement complet ω^C a pour composantes*
$$\omega^C : (\partial \omega_i, \omega_j) = (y^i \frac{\partial \omega_h}{\partial x_i}, \omega_j). \tag{3.46}$$

relativement à la carte induite $(\pi^{-1}(U), x^h, y^k)$ sur TM.

Remarque 3.3.3. *Relativement à la carte induite $(\pi^{-1}(U), x^h, y^k)$ sur TM, on a :*
$$(dx^i)^C = dy^i \tag{3.47}$$

Proposition 3.3.7. *Si $\omega, \theta \in \Gamma(TM^*)$ et $X \in \Gamma(TM)$, alors :*

1) $(\omega + \theta)^C = \omega^C + \theta^C$
2) $(f\omega)^C = f^C \omega^V + f^V \omega^C$
3) $\omega^C(X^V) = (\omega(X))^V$

Preuve : Soit $X \in \Gamma(TM)$, on a :
1)
$$\begin{aligned}
(\omega + \theta)^C(X^C) = ((\omega + \theta)(X))^C &= (\omega(X) + \theta(X))^C \\
&= (\omega(X))^C + (\theta(X))^C \\
&= (\omega^C + \theta^C)(X^C)
\end{aligned}$$

2)
$$(f\omega)^C)(X^C) = (f\omega(X))^C) = f^V \omega(X))^C + f^C \omega(X))^V$$
$$= f^V \omega^C(X^C) + f^C \omega^V(X^C)$$

3) Localement si $X = X^i \frac{\partial}{\partial x^i}$, $\omega = \omega_i dx^i$, alors des formules (3.11) et (3.46), on obtient :
$$\omega^C(X^V) = (\omega_i X^i) \circ \pi = (\omega(X))^V)$$

∎

3.3.4 Relèvement Complet d'un Champ de tenseurs

Définition 3.3.4. *Le relèvement complet peut être prolonger à un tenseur quelconque de maniére unique tel que pour tout $P, Q \in \mathfrak{T}^q_p(M)$ et $f \in C^\infty(M)$, on a :*

$$(P \otimes Q)^C = P^C \otimes Q^V + P^V \otimes Q^C \tag{3.48}$$
$$(P + Q)^C = P^C + Q^C \tag{3.49}$$
$$(fP)^C = f^C P^V + f^V P^C \tag{3.50}$$

Si $F \in \mathfrak{T}^1_1(M)$ tel que localement $F = F^h_i \frac{\partial}{\partial x_h} \otimes dx^i$, alors :

$$F^C = (F^h_i \frac{\partial}{\partial x_h} \otimes dx^i)^C$$
$$= (F^h_i)^C (\frac{\partial}{\partial x_h})^V \otimes (dx^i)^V + (F^h_i)^V (\frac{\partial}{\partial x_h})^C \otimes (dx^i)^V$$
$$+ (F^h_i)^V (\frac{\partial}{\partial x_h})^V \otimes (dx^i)^C$$
$$= (F^h_i)^C \frac{\partial}{\partial y_h} \otimes dx^i + (F^h_i)^V \frac{\partial}{\partial x_h} \otimes dx^i + (F^h_i)^V \frac{\partial}{\partial y_h} \otimes dy^i$$

d'où F^C a pour composantes

$$F^C : \begin{pmatrix} F^h_i & 0 \\ \partial F^h_i & F^h_i \end{pmatrix} \tag{3.51}$$

De même si $G \in \mathfrak{T}^0_2(M)$ tel que $G = G_{ij} dx^i \otimes dx^j$, alors G^C a pour coordonnées :

$$G^C : \begin{pmatrix} \partial G_{ij} & G_{ij} \\ G_{ij} & 0 \end{pmatrix} \tag{3.52}$$

Proposition 3.3.8. *Soient $X, Y \in \Gamma(TM)$ et $G \in \mathfrak{T}^0_2(M)$, on a*

$$G^C(X^V, Y^V) = 0 \tag{3.53}$$
$$G^C(X^C, Y^V) = (G(X,Y))^V \tag{3.54}$$
$$G^C(X^C, Y^C) = (G(X,Y))^C \tag{3.55}$$

Preuve : En vertu de la Définition 3.3.4, il suffit de démontrer la proposition dans le cas où $G = \omega \otimes \varpi$, on a :

$$\begin{aligned} G^C(X^V, Y^V) &= (\omega^C \otimes \varpi^V)(X^V, Y^V) + (\omega^V \otimes \varpi^C)(X^V, Y^V) \\ &= \omega^C(X^V)\varpi^V(Y^V) + \omega^V(X^V)\varpi^C(Y^V) \\ &= 0. \\ G^C(X^C, Y^V) &= \omega^C(X^C)\varpi^V(Y^V) + \omega^V(X^C)\varpi^C(Y^V) \\ &= (\omega(X))^V(\varpi(Y))^V. \\ &= (G(X,Y))^V \\ G^C(X^C, Y^C) &= \omega^C(X^C)\varpi^V(Y^C) + \omega^V(X^C)\varpi^C(Y^C) \\ &= (\omega(X))^C(\varpi(Y))^V + (\omega(X))^V(\varpi(Y))^C. \\ &= (\omega(X)\varpi(Y))^C \\ &= (G(X,Y))^C \end{aligned}$$

∎

Proposition 3.3.9. *Pour tout $\omega \in \Gamma^*(TM)$ on a :*

$$d(\omega^C) = (d\omega)^C \tag{3.56}$$

Preuve : En utilisant le théorème 3.3.2, la Proposition 3.3.8, les Propriétés 3.3.1, la formule (3.42) et la formule de dérivation suivante :

$$d\omega(X, Y) = X(\omega(Y)) - Y(\omega(X)) - \omega([X, Y])$$

on obtient :

$$\begin{aligned} d(\omega^C)(X^C, Y^C) &= X^C(\omega^C(Y^C)) - Y^C(\omega^C(X^C)) - \omega^C([X^C, Y^C]) \\ &= (X(\omega(Y)))^C - (Y(\omega(X)))^C) - (\omega([X,Y]))^C \\ &= ((d\omega)(X,Y))^C \\ &= (d\omega)^C(X^C, Y^C) \end{aligned}$$

∎

3.4 Relèvement Horizontal

Dans cette section, on suppose que M est une variété de dimension m munie d'une connexion linéaire ∇.

Définition 3.4.1. *On définit la connexion opposée à ∇ notée $\widehat{\nabla}$, par :*

$$\widehat{\nabla}_X Y = \nabla_Y X + [X, Y]$$

$\forall X, Y \in \Gamma(TM)$.

Remarques 3.4.1. .

1. Soient T et $\widehat{T}$ les tenseurs de torsion associés à ∇ et $\widehat{\nabla}$ respectivement, alors pour tout $X, Y \in \Gamma(TM)$, on a $\widehat{T}(X, Y) = T(Y, X)$.
2. Si ∇ est sans torsion, alors $\widehat{\nabla} = \nabla$.

3.4.1 Relèvement Horizontal d'une Fonction

De la Propriété 3.1.1 (5), on rappel que, pour tout $f \in C^{\infty(M)}$, on a :

$$\gamma(df) = \gamma(\nabla f) = \gamma(\widehat{\nabla} f) = i(df) = f^C = \partial(f)$$

Définition 3.4.2. Si f est une fonction sur M, on pose

$$f^H = f^C - \gamma(\widehat{\nabla} f) = 0 \tag{3.57}$$

application de classe C^∞ sur TM dite relèvement horizontal de la fonction f.

3.4.2 Relèvement Horizontal d'un Champ de Vecteurs

Définition 3.4.3. Soit X un champ de vecteurs sur M. On définit le relèvement Horizontal de X noté X^H au fibré tangent TM par

$$X^H = X^C - \nabla_\gamma X \tag{3.58}$$

Localement si $X = X^i \frac{\partial}{\partial x^i}$, alors

$$\nabla X = (\frac{\partial X^i}{\partial x^j} + X^k \Gamma_{jk}^i) \frac{\partial}{\partial x^i} \otimes dx^j$$

$$\nabla_\gamma X = (\frac{\partial X^i}{\partial x^j} + X^k \Gamma_{jk}^i) y^j \frac{\partial}{\partial y^i}$$

$$\widehat{\nabla}_\gamma X = (\frac{\partial X^i}{\partial x^j} + X^k \Gamma_{kj}^i) y^j \frac{\partial}{\partial y^i}$$

$$X^C = X^i \frac{\partial}{\partial x^i} + y^j \frac{\partial X^i}{\partial x^i} \frac{\partial}{\partial y^i}$$

d'où

Proposition 3.4.1. Si X un champ de vecteurs sur TM de composantes (X^h) par rapport à une carte (U, x^h) sur M, alors le relèvement horizontal X^H a pour composantes

$$X^H = \begin{pmatrix} X^h \\ -X^j \Gamma_{ij}^k y^i \end{pmatrix} \tag{3.59}$$

et

$$(\frac{\partial}{\partial x_i})^H = \frac{\partial}{\partial x_i} - y^j \Gamma_{ji}^h \frac{\partial}{\partial y^h} \tag{3.60}$$

relativement à la carte induite $(\pi^{-1}(U), x^h, y^h)$ sur TM.

Remarque 3.4.1. *Pour tout* $X \in \Gamma(TM)$ *on a* $d\pi \circ X^H = X \circ \pi$.

Définition 3.4.4. *Soit* $v \in TM$, *alors*

$$\mathcal{H}_v = \{X_v^H; \quad X \in \Gamma(TM)\} \tag{3.61}$$

est un sous espace vectoriel de $T_v(TM)$ *appelé espace horizontal associé à* ∇.

$$\mathcal{H} = \bigcup_{v \in TM} \mathcal{H}_v \tag{3.62}$$

est un sous fibré vecoriel de $T(TM)$ *appelé fibré horizontal associé à* ∇.

Remarque 3.4.2. *Des formules (3.59) et (3.61), localement pour tout* $v \in TM$, *on obtient* :

$$\mathcal{H}_v = \{a^i \frac{\partial}{\partial x^i}|_v - \Gamma_{ji}^k a^i y^j \frac{\partial}{\partial y^k}|_v; \quad a^1, ..., a^m \in \mathbb{R}\} \tag{3.63}$$

De la Remarque 3.2.1 et la Définition 3.4.4 découle la proposition suivante :

Proposition 3.4.2.
$$T(TM) = \mathcal{H} \oplus \mathcal{N}$$
$$T_w(TM) = \mathcal{H}_w \oplus \mathcal{N}_w$$

où $w \in TM$.

En effet localement si $w = w^i \frac{\partial}{\partial x^i} \in T_xM$ et $\widetilde{X} = a^i \frac{\partial}{\partial x^i} + b^i \frac{\partial}{\partial y^i} \in T_v(TM)$, alors

$$\widetilde{X} = \left(a^i \frac{\partial}{\partial x^i} - a^i w^j \Gamma_{ij}^k \frac{\partial}{\partial y^k}\right) + \{b^k + a^i w^j \Gamma_{ij}^k\} \frac{\partial}{\partial y^k}$$

avec :

$\widetilde{X}^h = \left(a^i \frac{\partial}{\partial x^i} - a^i w^j \Gamma_{ij}^k \frac{\partial}{\partial y^k}\right) \in \mathcal{H}_w$ est la partie horizontale de $\widetilde{X}$

et

$\widetilde{X}^v = \{b^k + a^i w^j \Gamma_{ij}^k\} \frac{\partial}{\partial y^k} \in \mathcal{N}_w$ est la partie verticale de $\widetilde{X}$

Définition 3.4.5. *Soit* $w \in T_xM$, *le relèvement horizontal de* w *est defini par*

$$w^H = X_w^H \tag{3.64}$$

où $X \in \Gamma(TM)$ *telque* $X_x = w$. *De la formule(3.59) cette définition est indépendante du champ de vecteurs* X *choisi, et on a la proposition* :

Proposition 3.4.3. *L'application*

$$T_xM \to \mathcal{H}_v$$
$$w \mapsto w^H$$

est un isomorphisme linéaire

3.4 Relèvement Horizontal

Définition 3.4.6. *Un champ de vecteurs $\widetilde{X} \in \Gamma(T(TM))$ est dit horizontal, si pour tout $v \in TM$ on a $\widetilde{X}_v \in \mathcal{H}_v$*

Proposition 3.4.4. *Un champ de vecteurs $\widetilde{X} \in \Gamma(T(TM))$ est horizontal, si et seulement si, localement, pour $h = 1..m.$, on a :*

$$\widetilde{X}_2^h + \Gamma_{ij}^h \widetilde{X}_1^j y^i = 0 \qquad (3.65)$$

où $\widetilde{X} = \widetilde{X}_1^i \frac{\partial}{\partial x^i} + \widetilde{X}_2^j \frac{\partial}{\partial y^j}$

Proposition 3.4.5. *Pour tout $X, Y \in \Gamma(TM)$ et $f \in C^\infty(M)$, on a :*

$(X + Y)^H = (X)^H + (Y)^H$
$(fX)^H = (f)^V X^H$
$X^H f^V = (Xf)^V$
$X^H f^C = (Xf)^C - \gamma(df \circ (\nabla X)$
$[X^V, Y^H] = [X, Y]^V - (\nabla_X Y)^V = -(\widehat{\nabla}_Y X)^V$
$[X^H, Y^V] = (\widehat{\nabla}_X Y)^V$
$[X^H, Y^H] = [X, Y]^H - \gamma \widehat{R}(X, Y).$

où $\widehat{R}$ est le champs de vecteurs de courbure associé à $\widehat{\nabla}$.

Lemme 3.4.1.

$$(\nabla Y) \circ (\nabla X) - (\nabla X) \circ (\nabla Y) = \{\widehat{\nabla}_Y \widehat{\nabla}_X - \widehat{\nabla}_X \widehat{\nabla}_Y\} - \mathcal{L}_Y \nabla X + \mathcal{L}_X \nabla Y + [\mathcal{L}_Y, \mathcal{L}_X]$$

pour tout $X, Y \in \Gamma(TM)$.

Preuve :(Du Lemme). Soit $Z \in \Gamma(TM)$, on a :

$$\begin{aligned}
(\nabla Y) \circ (\nabla X) Z &= (\nabla Y)(\nabla_Z X) \\
&= (\nabla Y)(\widehat{\nabla}_X Z + [Z, X]) \\
&= (\nabla Y)(\widehat{\nabla}_X Z) - (\nabla Y)(\mathcal{L}_X(Z)) \\
&= \widehat{\nabla}_Y(\widehat{\nabla}_X Z) - (\mathcal{L}_Y)(\widehat{\nabla}_X Z) - (\nabla Y)(\mathcal{L}_X(Z)) \\
&= \widehat{\nabla}_Y(\widehat{\nabla}_X Z) + (\mathcal{L}_Y)(\mathcal{L}_X) Z - (\mathcal{L}_Y)(\nabla X)(Z) \\
&\quad -(\nabla Y)(\mathcal{L}_X(Z)) \\
(\nabla Y) \circ (\nabla X) Z - (\nabla X) \circ (\nabla Y) Z &= \{\widehat{\nabla}_Y \widehat{\nabla}_X Z - \widehat{\nabla}_X \widehat{\nabla}_Y Z\} - \{\mathcal{L}_Y(\nabla X)(Z)) - \nabla X(\mathcal{L}_Y(Z))\} \\
&\quad + \{\mathcal{L}_X(\nabla Y)(Z)) - \nabla Y(\mathcal{L}_X(Z))\} \\
&\quad + \{\mathcal{L}_Y(\mathcal{L}_X(Z)) - \mathcal{L}_X(\mathcal{L}_Y(Z))\} \\
&= \{\widehat{\nabla}_Y \widehat{\nabla}_X Z - \widehat{\nabla}_X \widehat{\nabla}_Y Z\} - (\mathcal{L}_Y \nabla X)(Z) + (\mathcal{L}_X \nabla Y)(Z) \\
&\quad + [\mathcal{L}_Y, \mathcal{L}_X](Z)
\end{aligned}$$

Preuve : (De la Proposition 3.4.5), on a :

- $X^H(f^V) = (X^C - \nabla_\gamma X)(f^V)$
  $= X^C(f^V) - (\nabla_\gamma X)(f^V),$

Puisque $\nabla_\gamma X$ est un champ de vecteur vertical, alors
$$X^H(f^V) = X^C(f^V)$$
$$= (Xf)^V$$

- $X^H(f^C) = X^C(f^C) - (\nabla_\gamma X)(f^C),$

De la Propriété 3.3.1 formule(3.33), on obtient :
$$X^H(f^C) = (Xf)^C - \gamma(df \circ \nabla X)$$

- $[X^V, Y^H] = [X^V, Y^C] - [X^V, \gamma(\nabla Y)],$ (de la Propriété 3.2.1)
  $= [X,Y]^V - \gamma_X(\nabla Y)$
  $= [X,Y]^V - (\nabla_X Y)^V$

- $[X^H, Y^H] = [X^C, Y^C] - [\gamma(\nabla X), Y^C] - [X^C, \gamma(\nabla Y)] + [\gamma(\nabla X), \gamma(\nabla Y)]$
  $= [X,Y]^C + \gamma\{\mathcal{L}_Y \nabla X - \mathcal{L}_X \nabla Y + (\nabla Y) \circ (\nabla X) - (\nabla X) \circ (\nabla Y)\}$
  $= [X,Y]^H + \gamma(\nabla[X,Y]) + \gamma\{\mathcal{L}_Y \nabla X - \mathcal{L}_X \nabla Y\}$
  $+ \gamma\{(\nabla Y) \circ (\nabla X) - (\nabla X) \circ (\nabla Y)\}$

Du Lemme 3.4.1 on obtient
$$[X^H, Y^H] = [X,Y]^H + \gamma\{\widehat{\nabla}_{[X,Y]} + \mathcal{L}_{[X,Y]}\} + \gamma\{\mathcal{L}_Y \nabla X - \mathcal{L}_X \nabla Y\}$$
$$+ \gamma\{(\nabla Y) \circ (\nabla X) - (\nabla X) \circ (\nabla Y)\}$$
$$= [X,Y]^H - \gamma \widehat{R}(X,Y) + \gamma\{\mathcal{L}_{[X,Y]} + [\mathcal{L}_Y, \mathcal{L}_X]\}$$
$$= [X,Y]^H - \gamma \widehat{R}(X,Y).$$

■

3.4.3 Relèvement Horizontal d'une 1-forme

Définition 3.4.7. Soit ω une 1-forme dans M. on définit le Relèvement Horizontal de ω noté ω^H de M au fibré TM par :
$$\omega^H = \omega^C - \nabla_\gamma \omega \qquad (3.66)$$

où $\nabla_\gamma \omega = \gamma(\nabla \omega).$

Expressions Locale. Si (ω_i) désignent les coordonées de $\omega \in \Gamma(T^*M)$ et Γ^h_{ji} les coefficients de Christoffel associés à la connexion ∇ relativement à la carte (U, x^h) sur M on a :

$$\begin{aligned}
\omega^C &: (\partial \omega_i, \omega_i) \\
\nabla_\gamma \omega &: (y^j \partial_j \omega_i - y^j \Gamma^h_{ji} \omega_h, 0) \\
\widehat{\nabla}_\gamma \omega &: (y^j \partial_j \omega_i - y^j \Gamma^h_{ij} \omega_h, 0) \\
\omega^H &: (y^j \Gamma^h_{ji} \omega_h, \omega_i)
\end{aligned} \qquad (3.67)$$

par rapport à la carte induite $(\pi^{-1}(U), x^h, y^h)$ sur TM.

3.4 Relèvement Horizontal

Définition 3.4.8. *Une 1-forme* $\widetilde{\omega} \in \Gamma(T^*(TM))$ *est dite* **horizontale** *si, on a :*

$$\widetilde{\omega}(X^H) = 0 \qquad (3.68)$$

pour tout $X \in \Gamma(TM)$.

Expressions Locale. Si $(\widetilde{\omega}_i^1, \widetilde{\omega}_j^2)$ désignent les composantes de $\widetilde{\omega} \in \Gamma(T^*(TM))$ par rapport à une carte induite $(\pi^{-1}(U), x^h, y^h)$ sur TM, alors pour tout $X \in \Gamma(TM)$, on a :

$$\widetilde{\omega}(X^H) = \widetilde{\omega}_i^1 X^i - \widetilde{\omega}_h^2 y^j \Gamma_{ji}^h X^i = 0$$

d'où

$$\widetilde{\omega}_i^1 - \widetilde{\omega}_h^2 y^j \Gamma_{ji}^h = 0 \qquad (3.69)$$

pour tout $i = 1..m$.

Localement, on peut démontrer les propriétés suivantes :

Propriétés 3.4.1. *Soient* $\omega \in \Gamma(TM^*)$ *et* $X \in \Gamma(TM)$, *on a* :

$$\omega^H(X^V) = (\omega(X))^V \qquad (3.70)$$
$$\omega^H(X^C) = \omega^C(\nabla_\gamma X) \qquad (3.71)$$
$$\omega^H(X^H) = 0 \qquad (3.72)$$

Remarque 3.4.3. *De la formuule 3.67, localement on obtient*

$$(dx^h)^H = y^j \Gamma_{ji}^h dx^i + dy^h \qquad (3.73)$$

3.4.4 Relèvement Horizontal d'un Champ de Tenseurs

Définition 3.4.9. *Soit* S *un champ de tenseurs sur* M *de type* $(0,s)$ *(resp* $(1,s)$*). On définit le* **Relèvement Horizontal** *de* S *au fibré* TM *noté* S^H *par*

$$S^H = S^C - \nabla_\gamma S \qquad (3.74)$$

Définition 3.4.10. *D'une manière générale le relèvement Horizontal peut être prolonger à un tenseur quelconque de maniére unique tel que pour tout* $P, Q \in \mathfrak{T}_p^q(M)$ *,on a*

$$(P \otimes Q)^H = P^H \otimes Q^V + P^V \otimes Q^H \qquad (3.75)$$
$$(P + Q)^H = P^H + Q^H \qquad (3.76)$$

Expressions Locale.

Si $F \in \mathfrak{T}_1^1(M)$ tel que $F = F_i^h \frac{\partial}{\partial x_i} \otimes dx^h$ alors :

$$F^H : \begin{pmatrix} F_i^h & 0 \\ -y^j F_i^t \Gamma_{jt}^h + y^j F_t^h \Gamma_{ji}^t & F_i^h \end{pmatrix} \qquad (3.77)$$

Si $G \in \mathfrak{T}_2^0(M)$ tel que $G = G_{ij}dx^i \otimes dx^j$ alors :

$$G^H : \begin{pmatrix} y^t\Gamma_{tj}^h G_{hi} + y^t\Gamma_{ti}^h G_{jh} & G_{ij} \\ G_{ij} & 0 \end{pmatrix} \qquad (3.78)$$

Si $H \in \mathfrak{T}_0^2(M)$ tel que $H = H^{ih}\frac{\partial}{\partial x_i} \otimes \frac{\partial}{\partial x_h}$ alors :

$$H^H : \begin{pmatrix} 0 & H^{ih} \\ H^{ih} & -y^t\Gamma_{tj}^i G_{jh} - y^t\Gamma_{tj}^h G_{ij} \end{pmatrix} \qquad (3.79)$$

Proposition 3.4.6. *Soit $F \in \mathfrak{T}_1^1(M)$ un champ de tenseurs de type $(1,1)$ sur la variété M, alors*

$$\begin{aligned} F^h : TM &\to TTM \\ (x,u) &\mapsto F^h(x,u) = F^H_{(x,u)}(u^H) \end{aligned} \qquad (3.80)$$

est un champ de vecteurs sur TM.

Localement, relativement à une carte induite $(\pi^{-1}(U), x^i, y^j)$, on a

$$F^h = y^i F_i^j \frac{\partial}{\partial x^j} - y^i y^k F_i^l \Gamma_{lk}^s \frac{\partial}{\partial y^s} = y^i (F(\frac{\partial}{\partial x^i}))^H$$

3.5 Métrique Naturelle

3.5.1 Métrique Naturelle

Définition 3.5.1. *Soit (M,g) une variété Riemannienne. Une métrique Riemannienne $\bar{g}$ sur le fibré tangent TM de M est dite naturelle par rapport à g si*

$$\begin{aligned} \bar{g}(X^H, Y^H) &= g(X,Y)^V \\ &= g(X,Y) \circ \pi \\ \bar{g}(X^H, Y^V) &= 0 \end{aligned} \quad (3.81)$$

$\forall X, Y \in \Gamma(TM)$

Remarque 3.5.1. *De la Définition 3.5.1, on déduit que pour tout champ de vecteurs vertical $\widetilde{Y} \in \Gamma(T(TM))$ et $X \in \Gamma(TM)$, on a*

$$\bar{g}(X^H, \widetilde{Y}) = 0$$

où $\bar{g}$ est une métrique naturelle sur le fibré tangent TM.

Proposition 3.5.1. *Soit (M,g) une variété Riemannienne de connexion de Levi-Civita ∇. Si $\bar{g}$ est une métrique naturelle sur TM de connexion de Levi-Civita $\overline{\nabla}$, alors*

1) $\bar{g}_{(x,u)}(\overline{\nabla}_{X^H} Y^H, Z^H) = g_{(x,u)}((\nabla_X Y)^H, Z^H) = g_x(\nabla_X Y, Z) \circ \pi$

2) $\bar{g}_{(x,u)}(\overline{\nabla}_{X^H} Y^H, Z^V) = -\dfrac{1}{2}\bar{g}_{(x,u)}(\{R(X,Y)u\}^V, Z^V)$

3) $\bar{g}_{(x,u)}(\overline{\nabla}_{X^H} Y^V, Z^V) = \dfrac{1}{2}[X^H(\bar{g}(Y^V, Z^V) + \bar{g}(Z^V, (\nabla_X Y)^V) - \bar{g}(Y^V, \nabla_X Z)^V]_{(x,u)}$

4) $\bar{g}_{(x,u)}(\overline{\nabla}_{X^H} Y^V, Z^H) = -\dfrac{1}{2}\bar{g}_{(x,u)}(\{R(Z,X)u\}^V, Y^V)$

5) $\bar{g}_{(x,u)}(\overline{\nabla}_{X^V} Y^H, Z^H) = \dfrac{1}{2}\bar{g}_{(x,u)}(\{R(Y,Z)u\}^V, X^V)$

6) $\bar{g}_{(x,u)}(\overline{\nabla}_{X^V} Y^H, Z^V) = \dfrac{1}{2}[Y^H(\bar{g}(X^V, Z^V) - \bar{g}(Z^V, (\nabla_Y X)^V) - \bar{g}(X^V, (\nabla_Y Z)^V)]_{(x,u)}$

7) $\bar{g}_{(x,u)}(\overline{\nabla}_{X^V} Y^V, Z^H) = \dfrac{1}{2}[-Z^H(\bar{g}(X^V, Y^V)) + \bar{g}(Y^V, (\nabla_Z X)^V) + \bar{g}(X^V, (\nabla_Z Y)^V)]_{(x,u)}$

8) $\bar{g}_{(x,u)}(\overline{\nabla}_{X^V} Y^V, Z^V) = \dfrac{1}{2}[X^V(\bar{g}(Y^V, Z^V)) + Y^V(\bar{g}(Z^V, X^V)) - Z^V(\bar{g}(X^V, Y^V))]_{(x,u)}$

où $(x,u) \in TM$ tel que $\pi(u) = x$.

La preuve découle immédiatement de la formule de Kozul et de la Définition 3.5.1 .

Preuve : (de la Proposition 3.5.1)

$$\begin{aligned}
2\bar{g}(\overline{\nabla}_{X^H}Y^H, Z^H) &= X^H(\bar{g}(Y^H, Z^H)) + Y^H(\bar{g}(X^H, Z^H)) - Z^H(\bar{g}(X^H, Y^H)) \\
&\quad + \bar{g}(Z^H, [X^H, Y^H]) + \bar{g}(Y^H, [Z^H, X^H]) - \bar{g}(X^H, [Y^H, Z^H]) \\
&= X^H(g(Y,Z)^V) + Y^H(g(X,Z)^V) - Z^H(g(X,Y)^V) \\
&\quad + \bar{g}(Z^H, [X,Y]^H) + \bar{g}(Y^H, [Z,X]^H) - \bar{g}(X^H, [Y,Z]^H) \\
&= \{X(g(Y,Z)) + Y(g(X,Z)) - Z(g(X,Y)) + g(Z, [X,Y]) \\
&\quad + g(Y, [Z,X]) - g(X, [Y,Z])\}^V \\
&= 2g(\nabla_X Y, Z) \circ \pi.
\end{aligned}$$

$$\begin{aligned}
2\bar{g}(\overline{\nabla}_{X^H}Y^H, Z^V) &= X^H(\bar{g}(Y^H, Z^V)) + Y^H(\bar{g}(X^H, Z^V)) - Z^V(\bar{g}(X^H, Y^H)) \\
&\quad + \bar{g}(Z^V, [X^H, Y^H]) + \bar{g}(Y^H, [Z^V, X^H]) - \bar{g}(X^H, [Y^H, Z^V]) \\
&= -Z^V(g(X,Y)^V)) + \bar{g}(Z^V, [X,Y]^H) - \bar{g}(Z^V, \gamma(\widehat{R}(X,Y))) \\
&\quad - \bar{g}(Y^H, (\widehat{\nabla}_X Z)^V) - \bar{g}(X^H, (\widehat{\nabla}_Y Z)^V) \\
&= -\bar{g}(Z^V, \gamma(\widehat{R}(X,Y))) \\
&= -\bar{g}(Z^V, \gamma(R(X,Y)))
\end{aligned}$$

puisque la connexion symetrique $\widehat{\nabla} = \nabla$ et $\widehat{R} = R$. Comme $\gamma(R(X,Y))_{(x,u)} = (R_x(X,Y), u)^V$, on déduit

$$\bar{g}_{(x,u)}(\overline{\nabla}_{X^H}Y^H, Z^V) = -\frac{1}{2}\bar{g}_{(x,u)}(\{R(X,Y)u\}^V, Z^V_{(x,u)})$$

Les autres égalités se démontrent de la même façon. ∎

3.5.2 Métrique de SASAKI

Définition 3.5.2. *Soit* (M, g) *une variété Riemannienne. La métrique de Sasaki associée est l'unique métrique naturelle $\hat{g}$ sur le fibré tangent* TM *telle que :*

$$\begin{aligned}
1) \hat{g}(X^H, Y^H) &= g(X,Y) \circ \pi \\
2) \hat{g}(X^H, Y^V) &= 0 \\
3) \hat{g}(X^V, Y^V) &= g(X,Y) \circ \pi
\end{aligned} \quad (3.82)$$

$\forall X, Y \in \Gamma(TM)$

Dans toute la suite, la métrique de Sasaki sera notée g^S.

De la Proposition 3.5.1 et la Définition 3.5.2, on déduit :

3.5 Métrique Naturelle

Proposition 3.5.2. *Soient (M,g) une variété Riemannienne de connexion de Levi-Civita ∇ et g^S la métrique de Sasaki sur TM associée. Si $\widehat{\nabla}$ désigne la connexion de Levi-Civita sur TM, alors*

$$\begin{aligned}
1)\ g^S(\widehat{\nabla}_{X^H} Y^H, Z^H) &= g^S((\nabla_X Y)^H, Z^H) \\
&= (g(\nabla_X Y, Z))^V. \\
2)\, g^S_{(x,u)}(\widehat{\nabla}_{X^H} Y^H, Z^V) &= -\frac{1}{2}(g_x(R(X,Y)u,Z))^V) \\
&= -\frac{1}{2} g^S([R(X,Y)*]^v, Z^V)_{(x,u)}. \\
3)\ g^S(\widehat{\nabla}_{X^H} Y^V, Z^V) &= \frac{1}{2}\{X(g(Y,Z)) + g(Z, \nabla_X Y) - g(Y, \nabla_X Z)\}^V \\
&= (g(\nabla_X Y, Z))^V \\
&= g^S((\nabla_X Y)^V, Z^V). \\
4)\, g^S_{(x,u)}(\widehat{\nabla}_{X^H} Y^V, Z^H) &= -\frac{1}{2} g_x(R(Z,X)u, Y) \\
&= \frac{1}{2} g^S_{(x,u)}((R(u,Y)X)^H, Z^H) \\
&= \frac{1}{2} g^S((R(*,Y)X)^h, Z^H)_{(x,u)}. \\
5)\, g^S_{(x,u)}(\widehat{\nabla}_{X^V} Y^H, Z^H) &= \frac{1}{2} g^S_{(x,u)}(\{R(Y,Z)u\}^V, X^V) \\
&= \frac{1}{2} g_x(R(Y,Z)u, X) \\
&= \frac{1}{2} g_x(R(u,X)Y, Z) \\
&= \frac{1}{2} g^S([R(*,X)Y]^h, Z^H). \\
6)\, g^S_{(x,u)}(\widehat{\nabla}_{X^V} Y^H, Z^V) &= \frac{1}{2}[Y^H(g^S(X^V, Z^V)) - g^S(Z^V, (\nabla_Y X)^V) - g^S(X^V, (\nabla_Y Z)^V)]_{(x,u)} \\
&= \frac{1}{2}[Y(g(X,Z)) - g(Z, \nabla_Y X) - g(X, \nabla_Y Z)]^V_{(x,u)} \\
&= 0. \\
7)\, g^S_{(x,u)}(\widehat{\nabla}_{X^V} Y^V, Z^H) &= \frac{1}{2}[-Z^H(g^S(X^V, Y^V)) + g^S(Y^V, (\nabla_Z X)^V) + g^S(X^V, (\nabla_Z Y)^V)]_{(x,u)} \\
&= \frac{1}{2}[-Z(g(X,Y)) + g(Y, \nabla_Z X) + g(X, \nabla_Z Y)]^V_{(x,u)} \\
&= 0. \\
8)\, g^S_{(x,u)}(\widehat{\nabla}_{X^V} Y^V, Z^V) &= \frac{1}{2}[X^V(\bar{g}(Y^V, Z^V)) + Y^V(\bar{g}(Z^V, X^V)) - Z^V(\bar{g}(X^V, Y^V))]_{(x,u)} \\
&= 0.
\end{aligned}$$

où $(x,u) \in TM$ tel que $\pi(u) = x$.

De la Proposition 3.5.2, découle :

3.5 Métrique Naturelle

Proposition 3.5.3. *soit (M,g) une variété Riemannienne. Si $\widehat{\nabla}$ désigne la connexion de Levi-Civita associée à la métrique de Sasaki g^S, alors pour tout $X, Y \in \Gamma(TM)$ et $F \in \mathfrak{T}_1^1(M)$ on a :*

$$\begin{aligned}
(\widehat{\nabla}_{X^H} Y^H)_{(x,u)} &= (\nabla_X Y)^H_{(x,u)} - \frac{1}{2}(R_x(X,Y)u)^V \\
&= (\nabla_X Y)^H_{(x,u)} - \frac{1}{2}(R(X,Y)*)^v_{(x,u)} \quad &(3.83)\\
(\widehat{\nabla}_{X^H} Y^V)_{(x,u)} &= (\nabla_X Y)^V_{(x,u)} + \frac{1}{2}(R_x(u,Y)X)^H \\
&= (\nabla_X Y)^V_{(x,u)} + \frac{1}{2}(R(*,Y)X_{(x,u)})^h \quad &(3.84)\\
(\widehat{\nabla}_{X^V} Y^H)_{(x,u)} &= \frac{1}{2}(R_x(u,X)Y)^H \\
&= \frac{1}{2}(R(*,X)Y)^h_{(x,u)} \quad &(3.85)\\
(\widehat{\nabla}_{X^V} Y^V)_{(x,u)} &= 0 \quad &(3.86)\\
(\widehat{\nabla}_{X^V} F^v)_{(x,u)} &= (F(X))^V_{(x,u)} \quad &(3.87)\\
(\widehat{\nabla}_{X^V} F^h)_{(x,u)} &= (F(X))^H_{(x,u)} + \frac{1}{2}(R_x(u,X_x)F(u))^H \quad &(3.88)
\end{aligned}$$

où $(x,u) \in TM$.

Preuve : Pour tout $Z \in \Gamma(TM)$ On a :

$$\begin{aligned}
g^S(\widehat{\nabla}_{X^H} Y^H, Z^H) &= g^S((\nabla_X Y)^H, Z^H) \\
&= g^S((\nabla_X Y)^H, Z^H) - \frac{1}{2}g^S([R(X,Y)*]^v, Z^H) \\
g^S(\widehat{\nabla}_{X^H} Y^H, Z^V) &= -\frac{1}{2}g^S([R(X,Y)*]^v, Z^V) \\
&= g^S((\nabla_X Y)^H, Z^V - \frac{1}{2}g^S([R(X,Y)*]^v, Z^V)
\end{aligned}$$

d'où

$$\widehat{\nabla}_{X^H} Y^H = (\nabla_X Y)^H - \frac{1}{2}[R(X,Y)*]^v$$

Localement on a :

•

$$\begin{aligned}
\widehat{\nabla}_{X^V} F^v &= \widehat{\nabla}_{X^V} y^i (F(\frac{\partial}{\partial x^i}))^V = X^V(y^i)(F(\frac{\partial}{\partial x^i}))^V \\
&= X^i (F(\frac{\partial}{\partial x^i}))^V = (F(X))^V
\end{aligned}$$

3.5 Métrique Naturelle

-
$$\begin{aligned}
\widehat{\nabla}_{X^V} F^h &= \widehat{\nabla}_{X^V} y^i (F(\frac{\partial}{\partial x^i}))^H \\
&= X^V(y^i)(F(\frac{\partial}{\partial x^i}))^H + y^i \widehat{\nabla}_{X^V}(F(\frac{\partial}{\partial x^i}))^H \\
(\widehat{\nabla}_{X^V} F^h)_{(x,u)} &= X^i(F(\frac{\partial}{\partial x^i}))^H_{(x,u)} + \frac{1}{2} u^i (R_x(u,X) F(\frac{\partial}{\partial x^i}))^H \\
&= (F(X))^H_{(x,u)} + \frac{1}{2}(R_x(u,X) F(u^i \frac{\partial}{\partial x^i}))^H \\
&= (F(X))^H_{(x,u)} + \frac{1}{2}(R_x(u,X) F(u))^H
\end{aligned}$$

Les premières formules se déduisent directement de la Proposition 3.5.2 et de la Définition 3.5.2. ∎

Proposition 3.5.4. *Soit* (M,g) *une varété Riemannienne. Si* $\widehat{R}$ *désigne le tenseur de courbure associé à la métrique de Sasaki* g^S *sur* TM, *alors pour tout* $X, Y, Z \in \Gamma(TM)$ *on a :*

$$\begin{aligned}
1. \widehat{R}_{(x,u)}(X^V, Y^V) Z^V &= 0 \\
2. \widehat{R}_{(x,u)}(X^V, Y^V) Z^H &= [R(X,Y)Z + \frac{1}{4} R(u,X)(R(u,Y)Z) - \frac{1}{4} R(u,Y)(R(u,X)Z)]^H_x \\
3. \widehat{R}_{(x,u)}(X^H, Y^V) Z^V &= -[\frac{1}{2} R(Y,Z)X + \frac{1}{4} R(u,Y)(R(u,Z)X)]^H_x \\
4. \widehat{R}_{(x,u)}(X^H, Y^V) Z^H &= [\frac{1}{4} R(R(u,Y)Z,X)u + \frac{1}{2} R(X,Z)Y]^V_x + \frac{1}{2}[(\nabla_X R)(u,Y)Z]^H_x \\
5. \widehat{R}_{(x,u)}(X^H, Y^H) Z^V &= [R(X,Y)Z + \frac{1}{4} R(u,Z)Y,X)u - \frac{1}{4} R(u,Z)X,Y)u]^V_x \\
&\quad + \frac{1}{2}[(\nabla_X R)(u,Z)Y - (\nabla_Y R)(u,Z)X]^H_x \\
6. \widehat{R}_{(x,u)}(X^H, Y^H) Z^H &= \frac{1}{2}[(\nabla_Z R)(X,Y)u]^V_x \\
&\quad + [R(X,Y)Z + \frac{1}{4} R(u, R(Z,Y)u)X \\
&\quad + \frac{1}{4} R(u, R(X,Z)u)Y + \frac{1}{2} R(u, R(X,Y)u)Z]^H_x
\end{aligned}$$

où $(x,u) \in TM$ tel que $\pi(u) = x$

la preuve découle immédiatement de la Proposition 3.5.3.

Preuve : (de la Proposition 3.5.4)

1)
$$\begin{aligned}
\widehat{R}_{(x,u)}(X^V, Y^V) Z^V &= \widehat{\nabla}_{X^V} \widehat{\nabla}_{Y^V} Z^V - \widehat{\nabla}_{Y^V} \widehat{\nabla}_{X^V} Z^V - \widehat{\nabla}_{[X^V, Y^V]} Z^V \\
&= 0.
\end{aligned}$$

2)
$$\widehat{R}(X^V, Y^V)Z^H = \widehat{\nabla}_{X^V}\widehat{\nabla}_{Y^V}Z^H - \widehat{\nabla}_{Y^V}\widehat{\nabla}_{X^V}Z^H - \widehat{\nabla}_{[X^V,Y^V]}Z^Y$$
$$= \widehat{\nabla}_{X^V}\widehat{\nabla}_{Y^V}Z^H - \widehat{\nabla}_{Y^V}\widehat{\nabla}_{X^V}Z^H$$
$$= \frac{1}{2}\{\widehat{\nabla}_{X^V}(R(*,Y)Z)^h - \widehat{\nabla}_{Y^V}(R(*,X)Z)^h\}$$

de la formule (3.88), on a
$$\widehat{R}_{(x,u)}(X^V, Y^V)Z^H = \frac{1}{2}\{(R(X,Y)Z)^H_{(x,u)} + \frac{1}{2}(R_x(u,X)R(u,Y)Z)^H$$
$$- (R(Y,X)Z)^H_{(x,u)} - \frac{1}{2}(R_x(u,Y)R(u,X)Z)^H\}$$
$$= [R_x(X,Y)Z) + \frac{1}{4}R_x(u,X)R(u,Y)Z - \frac{1}{4}R_x(u,Y)(R_x(u,X)Z)]^H$$

3)
$$\widehat{R}(X^H, Y^V)Z^V = \widehat{\nabla}_{X^H}\widehat{\nabla}_{Y^V}Z^V - \widehat{\nabla}_{Y^V}\widehat{\nabla}_{X^H}Z^V - \widehat{\nabla}_{[X^H,Y^V]}Z^V$$
$$= -\widehat{\nabla}_{Y^V}(\nabla_X Z)^V - \frac{1}{2}\widehat{\nabla}_{Y^V}(R(*,Z)X)^h - \widehat{\nabla}_{(\nabla_X Y)^V}Z^V$$
$$= -\frac{1}{2}\widehat{\nabla}_{Y^V}(R(*,Z)X)^h$$

En vertu de la formule (3.88), on obtient
$$\widehat{R}_{(x,u)}(X^H, Y^V)Z^V = -\frac{1}{2}[\widehat{\nabla}_{Y^V}(R(*,Z)X)^h]_{(x,u)}$$
$$= -\frac{1}{2}[R_x(Y,Z)X) + \frac{1}{2}R_x(u,Y)(R_x(u,Z)X)]^H$$

Les autres formules se démontrent de la même mnière. ∎

Théorème 3.5.1. Soit (TM, g^S) la variété de Sasaki associé à la variété (M, g). Alors (M, g) est plate si et seulement si (TM, g^S) est plate.

Preuve : De la Proposition 3.5.4 on a,
$$(R = 0) \Rightarrow (\widehat{R} = 0)$$

De la Proposition 3.5.4, formule (6), on obtient :
$$(R_p(X,Y)Z)^H = \widehat{R}_{(p,0)}(X^H, Y^H)Z^H = 0$$
pour tout $X, Y, Z \in \Gamma(TM)$ et $p \in M$; D'où
$$(\widehat{R} = 0) \Rightarrow (R = 0)$$

∎

3.5.3 Métrique de CHEEGER-GROMOLL sur TM

Définition 3.5.3. *Soit (M, g) une variété Riemannienne. La métrique de Cheeger-Gromoll $\widehat{g}$ est une métrique naturelle définie sur le fibré tangent TM par :*

$$\begin{aligned}
1)\ & \widehat{g}(X^H, Y^H) = g(X, Y), \\
2)\ & \widehat{g}(X^H, Y^V) = 0, \\
3)\ & \widehat{g}\left(X^V, Y^V\right) = \frac{1}{1+r^2}\left(g(X,Y) + g(X,u)\,g(Y,u)\right).
\end{aligned}$$

où $X, Y \in \mathfrak{X}(M)$, et $r = \|u\| = \sqrt{g(u,u)}$.

Connexion de LEVI-CIVITA

Proposition 3.5.5. *Soit $\widehat{\nabla}$ la connexion de LEVI-CIVITA sur le fibré tangent TM associée à la métrique de CHEEGER-GROMOLL $\widehat{g}$. Si $X, Y \in \mathfrak{X}(M)$, alors pour tout $(x, u) \in TM$:*

$$\begin{aligned}
1)\ & \widehat{\nabla}_{X^H} Y^H = (\nabla_X Y)^H - \frac{1}{2}\{R(X,Y)u\}^V, & (3.89) \\
2)\ & \widehat{\nabla}_{X^H} Y^V = \frac{1}{2\alpha}\{R(u,Y)X\}^H + (\nabla_X Y)^V, \\
3)\ & \widehat{\nabla}_{X^V} Y^H = \frac{1}{2\alpha}\{R(u,X)Y\}^H, \\
4)\ & \widehat{\nabla}_{X^V} Y^V = -\frac{1}{\alpha}\left(\widehat{g}\left(X^V, \mathcal{U}\right) Y^V + \widehat{g}\left(Y^V, \mathcal{U}\right) X^V\right) + \frac{1+\alpha}{\alpha}\widehat{g}\left(X^V, Y^V\right)\mathcal{U} \\
& \quad - \frac{1}{\alpha}\widehat{g}\left(X^V, \mathcal{U}\right) \widehat{g}\left(Y^V, \mathcal{U}\right) \mathcal{U}.
\end{aligned}$$

où localement $u = \sum u^i \frac{\partial}{\partial x^i}$, $\alpha = 1 + r^2$ et $\mathcal{U} \in \mathfrak{X}(TM)$ désigne le champ de vecteurs vertical définit par :

$$U = \sum_{i=1}^{m} u^i \frac{\partial}{\partial x^i} \quad , \quad \mathcal{U} = U^V = \sum_{i=1}^{m} u^i \frac{\partial}{\partial u^i}.$$

U (resp $\mathcal{U}$) sont constant sur chaque fibre.

Lemme 3.5.1. *Soit $f : \mathbb{R} \longrightarrow \mathbb{R}$ une fonction de calasse C^∞, on a*

$$\begin{aligned}
X^H_{(x,u)}\left(f\left(r^2\right)\right) &= 0 \\
X^V_{(x,u)}\left(f\left(r^2\right)\right) &= 2f'\left(r^2\right) g(X, u)
\end{aligned} \qquad (3.90)$$

Preuve : Localement, si $X = X^i \frac{\partial}{\partial x^i}$, alors

$$X^V = X^i \frac{\partial}{\partial u^i} \quad , \quad X^H = X^i \frac{\partial}{\partial x^i} - X^i u^j \Gamma_{ij}^k \frac{\partial}{\partial u^k}$$

De la formule 1.2.1, on a :

$$\begin{aligned}
X^H\left(f\left(r^2\right)\right) &= \frac{\partial}{\partial x^i}\left(f\left(r^2\right)\right) - \Gamma^j_{ik}u^k\frac{\partial}{\partial u^j}\left(f\left(r^2\right)\right) \\
&= f'(r^2)\left\{\frac{\partial}{\partial x^i}(g(u,u)) - \Gamma^j_{ik}u^k\frac{\partial}{\partial u^j}(g(u,u))\right\} \\
&= f'(r^2)\left\{u^l u^s\frac{\partial}{\partial x^i}(g_{ls}) - \Gamma^j_{ik}u^k\frac{\partial}{\partial u^j}(u^l u^s g_{ls})\right\} \\
&= f'\left(r^2\right)u^l u^s\left\{\frac{\partial}{\partial x^i}(g_{ls}) - \Gamma^k_{il}g_{sk} - \Gamma^k_{is}g_{lk}\right\} \\
&= f'\left(r^2\right)u^l u^s\left\{\frac{\partial}{\partial x^i}(g_{ls}) - \frac{1}{2}[\frac{\partial g_{sl}}{\partial x^i} + \frac{\partial g_{is}}{\partial x^l} - \frac{\partial g_{il}}{\partial x^s} + \frac{\partial g_{ls}}{\partial x^i} + \frac{\partial g_{il}}{\partial x^s} - \frac{\partial g_{is}}{\partial x^l}]\right\} \\
&= 0. \\
X^V\left(f\left(r^2\right)\right) &= X^i f'\left(r^2\right)\frac{\partial}{\partial u^i}(u^l u^s g_{ls}) \\
&= 2X^i f'\left(r^2\right)u^s g_{is} \\
&= 2f'(r^2)g(X,u).
\end{aligned}$$

■

Lemme 3.5.2. *Soit (M,g) une variété Riemannienne. Si pour $Y \in \Gamma(TM)$, on note*

$$\begin{aligned}
g(Y,.): TM &\to \mathbb{R} \\
p = (x,u) &\mapsto g_x(Y_x,u)
\end{aligned}$$

alors

$$\begin{aligned}
X^H(g(Y,.)) &= g(\nabla_X Y,.) \\
X^V(g(Y,.)) &= g(X,Y)
\end{aligned}$$

Preuve : Localement, si $u = u^i\frac{\partial}{\partial x^i}$, $X = X^i\frac{\partial}{\partial x^i}$ et $Y = Y^i\frac{\partial}{\partial x^i}$, alors :

$$\begin{aligned}
X^H(g(Y,.)) &= \left(X^i\frac{\partial}{\partial x^i} - X^i u^j\Gamma^k_{ij}\frac{\partial}{\partial u^k}\right)(g(Y,u)) \\
&= X(g(Y,u)) - X^i u^j\Gamma^k_{ij}\frac{\partial}{\partial u^k}(g_{ab}Y^a u^b) \\
&= g(\nabla_X Y, u) + g(Y, \nabla_X(u^j\frac{\partial}{\partial x^j})) - X^i u^j\Gamma^k_{ij}(g_{ak}Y^a) \\
&= g(\nabla_X Y, u) + g(Y, X^i u^j\nabla_{\frac{\partial}{\partial x^j}}\frac{\partial}{\partial x^j}) - g(Y, X^i u^j\Gamma^k_{ij}\frac{\partial}{\partial x^k}) \\
&= g(\nabla_X Y, u). \\
X^V(g(Y,.)) &= X^i\frac{\partial}{\partial u^i}(g_{ab}Y^a u^b) \\
&= X^i g_{ab}Y^a\frac{\partial}{\partial u^i}(u^b) \\
&= X^i g_{ai}Y^a \\
&= g(X,Y).
\end{aligned}$$

3.5 Métrique Naturelle

Preuve :[De la Proposition 3.5.5].
En utilisant la formule de Koszul (1.9), la Définition 3.5.3 et les Lemmes 3.5.1 et 3.5.2, on obtient

- $2\widehat{g}(\widehat{\nabla}_{X^H} Y^H, Z^H)$
$\begin{aligned} &= X^H(\widehat{g}(Y^H, Z^H)) + Y^H(\widehat{g}(X^H, Z^H)) - Z^H(\widehat{g}(X^H, Y^H)) \\ &\quad - \widehat{g}(X^H, [Y^H, Z^H]) + \widehat{g}(Y^H, [Z^H, X^H]) + \widehat{g}(Z^H, [X^H, Y^H]) \\ &= 2\widehat{g}((\nabla_X Y)^H, Z^H) \\ &= 2\widehat{g}\Big((\nabla_X Y)^H + (R(X,Y)u)^V, Z^H\Big). \end{aligned}$

- $2\widehat{g}(\widehat{\nabla}_{X^H} Y^H, Z^V)$
$\begin{aligned} &= X^H(\widehat{g}(Y^H, Z^V)) + Y^H(\widehat{g}(X^H, Z^V)) - Z^V(\widehat{g}(X^H, Y^H)) \\ &\quad - \widehat{g}(X^H, [Y^H, Z^V]) + \widehat{g}(Y^H, [Z^V, X^H]) + \widehat{g}(Z^V, [X^H, Y^H]) \\ &= -\widehat{g}(\{R(X,Y)u\}^V, Z^V) \\ &= 2\widehat{g}\Big((\nabla_X Y)^H - (R(X,Y)u)^V, Z^V\Big) \end{aligned}$

- $\widehat{g}(\widehat{\nabla}_{X^H} Y^V, Z^H)$
$\begin{aligned} &= -\frac{1}{2}\widehat{g}(Y^V, \{R(Z,X)u\}^V) \\ &= -\frac{1}{2\alpha}(g(Y, R(Z,X)u) + g(Y,u)g(R(Z,X)u,u)) \\ &= -\frac{1}{2\alpha}g(R(Z,X)u, Y) \\ &= \frac{1}{2\alpha}\widehat{g}(\{R(u,Y)X\}^H, Z^H) \end{aligned}$

- $2\widehat{g}(\widehat{\nabla}_{X^H} Y^V, Z^V)$
$\begin{aligned} &= X^H\left(\widehat{g}\left(Y^V, Z^V\right)\right) + \widehat{g}(Y^V, [Z^V, X^H]) \\ &\quad + \widehat{g}(Z^V, [X^H, Y^V]) \\ &= X^H(\frac{1}{\alpha}\left(g\left(Y, Z\right) + g\left(Y, u\right)g\left(Z, u\right)\right)) - \widehat{g}\left(Y^V, (\nabla_X Z)^V\right) \\ &\quad + \widehat{g}(Z^V, (\nabla_X Y)^V) \\ &= \frac{1}{\alpha}\Big(g(\nabla_X Y, Z) + g(Y, \nabla_X Z) + g(\nabla_X Y, u)g(Z, u) \\ &\quad + g(Y, u)g(\nabla_X Z, u)\Big) - \widehat{g}(Y^V, (\nabla_X Z)^V) + \widehat{g}(Z^V, (\nabla_X Y)^V) \\ &= \frac{1}{\alpha}\Big(g(\nabla_X Y, Z) + g(\nabla_X Y, u)g(Z, u)\Big) + \widehat{g}(Z^V, (\nabla_X Y)^V) \\ &= 2\widehat{g}((\nabla_X Y)^V, Z^V) \end{aligned}$

- $2\widehat{g}(\widehat{\nabla}_{X^V} Y^H, Z^H)$
$\begin{aligned} &= \widehat{g}(X^V, [Y^H, Z^H]) \\ &= \widehat{g}\left(X^V, (R(Y,Z)u)^v\right) \\ &= \frac{1}{\alpha}\left(g\left(X, R(Y,Z)u\right) + g\left(X, u\right)g\left(R(Y,Z)u, u\right)\right) \\ &= \frac{1}{\alpha}g\left(R(u,X)Y, Z\right) \\ &= \frac{1}{\alpha}\widehat{g}((R(u,X)Y)^H, Z^H). \end{aligned}$

3.5 Métrique Naturelle [N.E.H. Djaa] 67

- $2\widehat{g}(\widehat{\nabla}_{X^V}Y^H, Z^V)$ $= Y^H(\widehat{g}(Z^V, X^V)) - \widehat{g}(Z^V, (\nabla_Y X)^V) - \widehat{g}(X^V, (\nabla_Y Z)^V)$
  $= \widehat{g}(Z^V, (\nabla_Y X)^V) + \widehat{g}(X^V, (\nabla_Y Z)^V) - \widehat{g}(Z^V, (\nabla_Y X)^V)$
  $\quad - \widehat{g}(X^V, (\nabla_Y Z)^V)$
  $= 0$

- $2\widehat{g}(\widehat{\nabla}_{X^V}Y^V, Z^H)$ $= -Z^H(\widehat{g}(X^V, Y^V)) + \widehat{g}(Y^V, (\nabla_Z X)^V) + \widehat{g}(X^V, (\nabla_Z Y)^V)$
  $= -\widehat{g}(Y^V, (\nabla_Z X)^V) - \widehat{g}(X^V, (\nabla_Z Y)^V)$
  $\quad + \widehat{g}(Y^V, (\nabla_Z X)^V) + \widehat{g}(X^V, (\nabla_Z Y)^V)$
  $= 0$

Du Lemmes 3.5.1 et 3.5.2, on a

$$X^V\left(\widehat{g}\left(Y^V, Z^V\right)\right) = -\frac{2}{\alpha^2}g(X, u)\left(g(Y, Z) + g(Y, u)g(Z, u)\right)$$
$$+ \frac{1}{\alpha}\left(g(X, Y)g(Z, u) + g(X, Z)g(Y, u)\right)$$

d'où

- $2\widehat{g}(\widehat{\nabla}_{X^V}Y^V, Z^V)$ $= X^V(\widehat{g}(Z^V, Y^V)) + Y^V(\widehat{g}(X^V, Z^V)) - Z^V(\widehat{g}(X^V, Y^V))$
  $= -\frac{2}{\alpha^2}g(X, u)\Big(g(Y, Z) + g(Y, u)g(Z, u)\Big)$
  $\quad + \frac{1}{\alpha}\left(g(X, Y)g(Z, u) + g(X, Z)g(Y, u)\right)$
  $\quad - \frac{2}{\alpha^2}g(Y, u)\left(g(X, Z) + g(X, u)g(Z, u)\right)$
  $\quad + \frac{1}{\alpha}\left(g(X, Y)g(Z, u) + g(Y, Z)g(X, u)\right)$
  $\quad + \frac{2}{\alpha^2}g(Z, u)\left(g(Y, X) + g(Y, u)g(X, u)\right)$
  $\quad - \frac{1}{\alpha}(g(Y, Z)g(X, u) + g(X, Z)g(Y, u))$
  $= -\frac{2}{\alpha}g(X, u)\widehat{g}(Y^V, Z^V) - \frac{2}{\alpha}g(Y, u)\widehat{g}(X^V, Z^V) + \frac{2}{\alpha}g(Z, u)\widehat{g}(X^V, Y^V)$
  $\quad + \frac{2}{\alpha}g(X, Y)g(Z, u)$
  $= -\frac{2}{\alpha}g(X, u)\widehat{g}(Y^V, Z^V) - \frac{2}{\alpha}g(Y, u)\widehat{g}(X^V, Z^V) + \frac{2}{\alpha}g(Z, u)\widehat{g}(X^V, Y^V)$
  $\quad + 2\widehat{g}(X^V, Y^V)g(Z, u) - \frac{2}{\alpha}g(X, u)g(Y, u)g(Z, u)$

De la définition 3.5.3, on a pour tout champ de vecteurs $\overline{X} \in \Gamma(TM)$:

$$\widehat{g}(\overline{X}^V, \mathcal{U}) = \widehat{g}(\overline{X}^V, U^V)$$
$$= \frac{1}{\alpha}(g(\overline{X}, U) + g(\overline{X}, U)g(U, U))$$
$$= g(\overline{X}, U)$$

par suite, on obtient :

$$\begin{aligned}\widehat{g}(\widehat{\nabla}_{X^V}Y^V, Z^V) &= \frac{1}{\alpha}\Big\{-\widehat{g}(X^V,\mathcal{U})\widehat{g}(Y^V,Z^V) - \widehat{g}(Y^V,\mathcal{U})\widehat{g}(X^V,Z^V) + (1+\alpha)\widehat{g}(Z^V,\mathcal{U})\widehat{g}(X^V,Y^V) \\ &\quad -\widehat{g}(X^V,\mathcal{U})\widehat{g}(Y^V,\mathcal{U})\widehat{g}(Z^V,\mathcal{U})\Big\} \\ &= \frac{2}{\alpha}\widehat{g}\Big(-\widehat{g}(X^V,\mathcal{U})Y^V - \widehat{g}(Y^V,\mathcal{U})X^V + (1+\alpha)\widehat{g}(X^V,Y^V)\mathcal{U} \\ &\quad -\widehat{g}(X^V,\mathcal{U})\widehat{g}(Y^V,\mathcal{U})\mathcal{U}, Z^V\Big)\end{aligned}$$

■

3.5.4 β-metrique sur TM.

Définition 3.5.4. *Soit (M,g) une variété Riemannienne et $\beta \in \mathbb{R}_+$. Sur le fibré tangent TM, on définit la métrique β-metric noté $\widetilde{g}$ par*

1. $\widetilde{g}(X^H, Y^H) = \frac{\varepsilon}{2}g(X,Y) \circ \pi$
2. $\widetilde{g}(X^H, Y^V) = 0$
3. $\widetilde{g}_{(x,u)}(X^V, Y^V) = \frac{1}{\alpha}(g_x(X,Y) + \beta g_x(X,u)g_x(Y,u))$

où $X, Y \in \Gamma(TM)$, $(x,u) \in TM$, $r = g(u,u)$, $\alpha = 1 + \beta g_x(u,u)$ et $\varepsilon \in \{1,2\}$.

Noton que si $\beta = 0$ (resp $\beta = 1$) et $\varepsilon = 2$, alors $\widetilde{g}$ est la métrique de Sasaki (resp la métrique de Cheeger-Gromoll).

Dans la suite on prend $\varepsilon = 1$.

Lemme 3.5.3. *Soit (M,g) une variété Riemannienne, alors pour tout $x \in M$ et $u = u^i\frac{\partial}{\partial x^i} \in T_xM$, on a les formules suivantes :*

1. $X^H(g(u,u))_{(x,u)} = 0$
2. $X^H(g(Y,u))_{(x,u)} = g(\nabla_X Y, u)_x$
3. $X^V(g(u,u))_{(x,u)} = 2g(X,u)_x$
4. $X^V(g(Y,u))_{(x,u)} = g(X,Y)_x$

Preuve : Localement, si $U : x \in M \to U_x = u^i\frac{\partial}{\partial x^i} \in TM$ est un champ de vecteurs constant sur chaque fibre T_xM, alors :

3.5 Métrique Naturelle [N.E.H. Djaa] 69

1. $X^H(g(u,u))_{(x,u)}$ = $[X^i \frac{\partial}{\partial x^i} g_{st} y^s y^t - \Gamma^k_{ij} X^i y^j \frac{\partial}{\partial y^k} g_{st} y^s y^t]_{(x,u)}$
   = $X(g(U,U)_x - 2(\Gamma^k_{ij} X^i y^j g_{sk} y^s)_{(x,u)}$
   = $(X(g(U,U)_x - 2g(U, \nabla_X U))_x$
   = 0.

2. $X^H(g(u,u))_{(x,u)}$ = $[X^i \frac{\partial}{\partial x^i} g_{st} Y^s y^t - \Gamma^k_{ij} X^i y^j \frac{\partial}{\partial y^k} g_{st} Y^s y^t]_{(x,u)}$
   = $X(g(Y,U)_x - (\Gamma^k_{ij} X^i y^j g_{sk} Y^s)_{(x,u)}$
   = $(X(g(Y,U)_x - g(Y, \nabla_X U))_x$
   = $g(\nabla_X Y, U))_x$.

3. $X^V(g(u,u))_{(x,u)}$ = $[X^i \frac{\partial}{\partial y^i} g_{st} y^s y^t]_{(x,u)} = 2X^i g_{it} u^t = 2g(X,u)_x$

4. $X^V(g(Y,u))_{(x,u)}$ = $[X^i \frac{\partial}{\partial y^i} g_{st} Y^s y^t]_{(x,u)} = X^i g_{si} Y^s = g(X,Y)_x$

∎

Théorème 3.5.2. *Soient (M,g) une variété Riemannienne et $\widetilde{g}$ une β-metric relative à g sur TM. Si ∇ (resp $\widetilde{\nabla}$) désigne la connexion de Levi-Civita associée à (M,g) (resp $(TM, \widetilde{g})$, alors on a :*

1. $(\widetilde{\nabla}_{X^H} Y^H)_p = (\nabla_X Y)^H - \frac{1}{2}(R(X,Y)u)^V$,

2. $(\widetilde{\nabla}_{X^H} Y^V)_p = (\nabla_X Y)^V + \frac{1}{2\alpha}(R(u,Y)X)^H$

3. $(\widetilde{\nabla}_{X^V} Y^H)_p = \frac{1}{2\alpha}(R_x(u,X)Y))^H$

4. $(\widetilde{\nabla}_{X^V} Y^V)_p = -\frac{\beta}{\alpha}\Big[\widetilde{g}(X^V, U^V)Y^V + \widetilde{g}(Y^V, U^V)X^V + \beta\widetilde{g}(X^V, U^V)\widetilde{g}(Y^V, U^V)U^V$
   $-(1+\alpha)\widetilde{g}(X^V, Y^V)U^V\Big]_p$
   = $-\frac{\beta}{\alpha^2}\Big[\alpha(g(X,U)Y^V + g(Y,U)X^V) - \beta g(X,U)g(Y,U)U^V$
   $-(1+\alpha)g(X,Y)U^V\Big]_p$

pour tout champ de vecteurs $X, Y \in \Gamma(TM)$ et $p = (x,u) \in TM$, où R désigne le tenseur de courbure de (M,g),.

La preuve du Théorème 3.5.2 découle directement de la formule de Kozul, le Lemme 3.5.3 et les formules suivantes :

1. $\widetilde{g}(X^V, U) = \frac{1}{\alpha}[g(X,u) + \beta g(X,u)g(u,u)] = g(X,u)$

2. $X^V(\widetilde{g}(Y^V, Z^V)) = -\frac{2\beta}{\alpha^2} g(X,U)[g(Y,Z) + \beta g(Y,U)g(Z,U)]$
   $+ \frac{\beta}{\alpha}[g(X,Y)g(Z,U) + g(X,Z)g(Y,U)]$

3.5.5 Métrique Complète

Définition 3.5.5. *Soit (M,g) une variété Riemannienne. Le relèvement complet du tenseur g au fibré tangent TM est une pseudo-métrique sur TM, de signature (m,m), notée g^C, elle est dite métrique Complète.*

De la Proposition (3.3.8), on a :

$$\begin{aligned} g^C(X^V, Y^C) &= (g(X,Y))^V = g^C(X^C, Y^V) & (3.91)\\ g^C(X^C, Y^C) &= (g(X,Y))^C & (3.92)\\ g^C(X^V, Y^V) &= 0. & (3.93) \end{aligned}$$

pour tout $X, Y \in \Gamma(TM)$.

Remarque 3.5.2. *Localement si $(E_1, ..., E_m)$ est une base orthonormale de champs de vecteurs sur M, alors*

$$(\frac{\sqrt{2}}{2}(E_1^C + E_1^V), ..., \frac{\sqrt{2}}{2}(E_m^C + E_m^V), \frac{\sqrt{2}}{2}(E_1^C - E_1^V), ..., \frac{\sqrt{2}}{2}(E_m^C - E_m^V)) \quad (3.94)$$

est une base pseudo-horthonormale telle que :

$$\begin{aligned} g^C((\frac{\sqrt{2}}{2}(E_i^C + E_i^V), (\frac{\sqrt{2}}{2}(E_j^C + E_j^V)) &= \frac{1}{2}(g(E_i, E_j))^C + (g(E_i, E_j))^V \\ &= \delta_{ij} \\ g^C((\frac{\sqrt{2}}{2}(E_i^C - E_i^V), (\frac{\sqrt{2}}{2}(E_j^C - E_j^V)) &= \frac{1}{2}(g(E_i, E_j))^C - (g(E_i, E_j))^V \\ &= -\delta_{ij} \\ g^C((\frac{\sqrt{2}}{2}(E_i^C + E_i^V), (\frac{\sqrt{2}}{2}(E_j^C - E_j^V)) &= \frac{1}{2}\{(g(E_i, E_j))^C + (g(E_i, E_j))^V - (g(E_j, E_i))^V\} \\ &= 0. \end{aligned}$$

Relativement à la base obtenue par la formule 3.94, la matrice associée à g^C est donnée par :

$$g^C = \begin{pmatrix} 1 & & & & 0 \\ & \ddots & & & \\ & & 1 & & \\ & & & -1 & \\ & & & & \ddots \\ 0 & & & & & -1 \end{pmatrix}$$

Proposition 3.5.6. *Soit (M, g) une variété Riemannienne. Si ∇ (resp ∇^C) désigne La connexion de Levi-Civita associée à la métrique g (resp la métrique complète g^C), alors :*

$$\begin{aligned} \nabla^C_{X^V} Y^V &= 0 \\ \nabla^C_{X^V} Y^C &= \nabla^C_{X^C} Y^V = (\nabla_X Y)^V \\ \nabla^C_{X^C} Y^C &= (\nabla_X Y)^C \end{aligned} \quad (3.95)$$

Pour tout $X, Y \in \Gamma(TM)$.

La preuve de la Proposition 3.5.6, se déduit de la Définition 3.5.5 et de la formule de Kozul (1.9).

Remarque 3.5.3. *Soit (M^m, g) une variété Riemannienne; Si $(\frac{\partial}{\partial x^1}, ..., \frac{\partial}{\partial x^m})$ est une base locale de champs de vecteurs relativement à une carte (U, x^i), alors*

$$((\frac{\partial}{\partial x^1})^C, ..., (\frac{\partial}{\partial x^m})^C, (\frac{\partial}{\partial x^1})^V, ..., (\frac{\partial}{\partial x^m})^V)$$

est une base locale des champs de vecteurs sur TM relativement à la carte induite $(\pi^{-1}(U), x^i, y^j)$, et on a :

$$g^C : \begin{pmatrix} y^k \frac{\partial g_{ij}}{\partial x^k} & g_{ij} \\ g_{ij} & 0 \end{pmatrix}, \quad (3.96)$$

$$(g^C)^{-1} : \begin{pmatrix} 0 & g^{ij} \\ g^{ij} & y^k \frac{\partial g^{ij}}{\partial x^k} \end{pmatrix} \quad (3.97)$$

où (g^{ij}) est la matrice inverse de (g_{ij}).

3.5.6 Tenseur de Courbure d'une Métrique Complète

Proposition 3.5.7. *Soit (M, g) une variété Riemannienne. Si R^C désigne le tenseur de courbure associé à la métrique complète g^C sur le fibré tangent TM, alors, pour tout $X, Y, Z \in \Gamma(TM)$ on a :*

$$\begin{aligned} 1) R^C(X^V, Y^V) Z^V &= 0 \\ 2) R^C(X^V, Y^V) Z^C &= 0 \\ 3) R^C(X^C, Y^V) Z^V &= 0 \\ 4) R^C(X^C, Y^V) Z^C &= (R(X, Y) Z)^V \\ 5) R^C(X^C, Y^C) Z^V &= (R(X, Y) Z)^V \\ 6) R^C(X^C, Y^C) Z^C &= (R(X, Y) Z)^C \end{aligned} \quad (3.98)$$

Preuve : De la Proposition (3.5.6) on a :

2)
$$\begin{aligned} R^C(X^V, Y^V) Z^C &= \nabla_{X^V} \nabla_{Y^V} Z^C - \nabla_{Y^V} \nabla_{X^V} Z^C - \nabla_{[X^V, Y^V]} Z^C \\ &= \nabla_{X^V} (\nabla_Y Z)^V - \nabla_{Y^V} (\nabla_X Z)^C \\ &= 0 \end{aligned}$$

4)
$$\begin{aligned} R^C(X^C, Y^V)Z^C &= \nabla_{X^C}\nabla_{Y^V}Z^C - \nabla_{Y^V}\nabla_{X^C}Z^C - \nabla_{[X^C,Y^V]}Z^C \\ &= (\nabla_X\nabla_Y Z)^V - (\nabla_Y\nabla_X Z)^V - (\nabla_{[X,Y]}Z)^V \\ &= (R(X,Y)Z)^V \end{aligned}$$

6)
$$\begin{aligned} R^C(X^C, Y^C)Z^C &= \nabla_{X^C}\nabla_{Y^C}Z^C - \nabla_{Y^C}\nabla_{X^C}Z^C - \nabla_{[X^C,Y^C]}Z^C \\ &= (\nabla_X\nabla_Y Z)^C - (\nabla_Y\nabla_X Z)^C - (\nabla_{[X,Y]}Z)^C \\ &= (R(X,Y)Z)^C \end{aligned}$$

les autres egalités se démontrent d'une façon analogue. ∎

Chapitre 4

Section harmonique du fibré tangent d'ordre 2

4.1 Propriétés géométriques de la variété $TM \oplus TM$

$$TM \oplus TM = \{(u,v) \in TM \times TM; \quad \pi_{TM}(u) = \pi_{TM}(v)\}$$

où

$$\pi_{TM} : TM \to M$$
$$u \mapsto x, \quad telque \quad u \in T_x M$$

désigne la projection canonique du fibré tangent TM.

On peut considérer $TM \oplus TM$ comme une sous variété de la variété produit $TM \times TM$.

4.1.1 Champ de vecteurs sur $TM \oplus TM$

Lemme 4.1.1. *Une courbe*

$$\gamma : I \in \mathbb{R} \to TM \times TM$$
$$t \mapsto (\gamma_1(t), \gamma_2(t))$$

est une courbe dans $TM \oplus TM$ si et seulement si

$$\pi_{TM} \circ \gamma_1 = \pi_{TM} \circ \gamma_2$$

Proposition 4.1.1. *Un vecteur $(\widetilde{X}, \widetilde{Y}) \in T(TM \times TM)$ est un vecteur de $T(TM \oplus TM)$ si et seulement si $d\pi_{TM}(\widetilde{X}) = d\pi_{TM}(\widetilde{Y})$*

Preuve :

• Soient $\gamma = (\gamma_1, \gamma_2)$, une courbe définie au voisinage de $0 \in \mathbb{R}$ à valeur dans $TM \oplus TM$ tel que $(\widetilde{X}, \widetilde{Y}) = \dot\gamma(0)$. D'après le Lemme 4.1.1, on a :

$$\pi_{TM} \circ \gamma_1 = \pi_{TM} \circ \gamma_2$$

d'où

$$d\pi_{TM}(\widetilde{X}) = d\pi_{TM}(\dot\gamma_1(0)) = d\pi_{TM}(\dot\gamma_2(0)) = d\pi_{TM}(\widetilde{Y})$$

• Inversement,

localement si $\widetilde{X} = a^i \frac{\partial}{\partial x^i} + b^i \frac{\partial}{\partial y^i}$ et $\widetilde{Y} = \overline{a}^i \frac{\partial}{\partial x^i} + \overline{b}^i \frac{\partial}{\partial y^i}$, relativement à une carte (U, φ), alors :

$$d\pi_{TM}(\widetilde{X}) = d\pi_{TM}(\widetilde{Y}) \Rightarrow a^i \frac{\partial}{\partial x^i} = \overline{a}^i \frac{\partial}{\partial x^i}$$

d'où $a^i = \overline{a}^i$ $(\forall i = 1, ..., m)$; On note alors $u = d\pi_{TM}(\widetilde{X}) = a^i \frac{\partial}{\partial x^i}$ et $x = \pi_{TM}(u)$.

Sur $I \in \mathbb{R}$, un voisinage de 0 (bien choisi), on pose :

$$\gamma_1(t) = (a^i + t.b^i) \frac{\partial}{\partial x^i}|_{(\varphi^{-1}(\varphi(x)+t.a))}$$

$$\gamma_2(t) = (a^i + t.\overline{b}^i) \frac{\partial}{\partial x^i}|_{(\varphi^{-1}(\varphi(x)+t.a))}$$

où $a = (a^1, ..., a^m)$ et $b = (b^1, ..., b^m)$.

Si $(\pi_{TM}^{-1}(U), \widetilde{\varphi})$ désigne la carte asoociée à (U, φ) sur TM, alors, pour tout $t \in I$, on a :

$$\pi_{TM} \circ \gamma_1(t) = \varphi^{-1}(\varphi(x) + t.a) = \pi_{TM} \circ \gamma_2(t)$$

donc d'aprés le Lemme 4.1.1 $\gamma = (\gamma_1, \gamma_2)$ est une courbe dans $TM \oplus TM$. D'autre part si $t \in I$, on a :

$$\widetilde{\varphi}(\gamma_1) = (\varphi(x) + t.a, a + t.b)$$
$$\widetilde{\varphi}(\gamma_2) = (\varphi(x) + t.a, a + t.\overline{b})$$
$$\dot\gamma_1(0) = a^i \frac{\partial}{\partial x^i} + b^i \frac{\partial}{\partial y^i}$$
$$\dot\gamma_2(0) = a^i \frac{\partial}{\partial x^i} + \overline{b}^i \frac{\partial}{\partial y^i}$$

ce qui montre que $(\widetilde{X}, \widetilde{Y}) = (\dot\gamma_1(0), \dot\gamma_2(0)) = \dot\gamma(0) \in T(TM \oplus TM)$ ∎

Corollaire 4.1.1. *Soient $\widehat{X}, \widehat{Y} \in \mathcal{H}(TM)$ deux champs de vcteurs sur TM, alors $(\widehat{X}, \widehat{Y}) \in \mathcal{H}(TM \oplus TM)$ si et seulement si*

$$d\pi_{TM}(\widehat{X}) = d\pi_{TM}(\widehat{Y})$$

Remarque 4.1.1. *Soient* $\widehat{X}_1, \widehat{X}_2 \in \mathcal{H}(TM)$ *(resp* $X_1, X_2 \in \mathcal{H}(M)$*) des champs de vecteurs sur* TM *(resp sur* M*) tels que pour* $i = 1, 2$, *on a :*

$$d\pi_{TM}(\widehat{X}_1) = X_1 \circ \pi \quad et \quad d\pi_{TM}(\widehat{X}_2) = X_2 \circ \pi$$

alors d'aprés la propriété des champs de vecteurs conjugués, on a :

$$d\pi_{TM}([\widehat{X}_1, \widehat{X}_2]) = [X_1, X_2] \circ \pi$$

Conséquences 4.1.1. :
1) *Si* $X \in \Gamma(TM)$ *est un champ de vecteur sur* M, *alors*

$$(X^V, 0), \quad (0, X^V), \quad (X^V, X^V), \quad (X^H, X^H), \quad (X^C, X^C)$$

sont des champs de vecteurs sur $TM \oplus TM$.

2) *Si* $(\widetilde{X}_1, \widetilde{Y}_1)$ *et* $(\widetilde{X}_2, \widetilde{Y}_2)$ *sont des champs de vecteurs sur* $TM \oplus TM$, *alors*

$$[(\widetilde{X}_1, \widetilde{Y}_1), (\widetilde{X}_2, \widetilde{Y}_2)] = ([\widetilde{X}_1, \widetilde{X}_2], [\widetilde{Y}_1, \widetilde{Y}_2])$$

est un champ de vecteur sur $TM \oplus TM$

4.1.2 Métrique induite sur $TM \oplus TM$

Soient les projections canoniques

$$P_1 : TM \times TM \rightarrow TM$$
$$(x, u, y, w) \mapsto (x, u)$$

$$P_2 : TM \times TM \rightarrow TM$$
$$(x, u, y, w) \mapsto (y, w)$$

les restrictions des projections P_1 et P_1 au fibré $TM \oplus TM$ sont données par :

$$P_1 : TM \oplus TM \rightarrow TM$$
$$(x, u, w) \mapsto (x, u)$$

$$P_2 : TM \oplus TM \rightarrow TM$$
$$(x, u, w) \mapsto (x, w)$$

Remarque 4.1.2. *Soient*

$$f : TM \times TM \rightarrow TM$$
$$(x, u, y, w) \mapsto f(x, u, y, v) = f(x, u)$$

et

$$\overline{f} : TM \times TM \to TM$$
$$(x, u, y, w) \mapsto \overline{f}(x, u, y, v) = \overline{f}(y, w)$$

Si $\widehat{X}, \widehat{Y} \in \mathcal{H}(TM)$ sont deux champs de vcteurs sur TM, tels que $(\widehat{X}, \widehat{Y}) \in \mathcal{H}(TM \oplus TM)$, alors :

$$(\widehat{X}, \widehat{Y})(f) = \widehat{X}(f) \circ P_1$$
$$(\widehat{X}, \widehat{Y})(\overline{f}) = \widehat{Y}(\overline{f}) \circ P_2$$

Définition 4.1.1. *Soient $\widetilde{g}$ une métrique sur la variété TM, alors $\widetilde{g}$ induit une métrique sur $TM \oplus TM$ par la formule*

$$\overline{g} = \widetilde{g} \oplus \widetilde{g} = \widetilde{g} \circ P_1 + \widetilde{g} \circ P_2$$

si $(\widetilde{X}_1, \widetilde{Y}_1), (\widetilde{X}_2, \widetilde{Y}_2) \in T_{(x,u,w)}(TM \oplus TM)$, alors

$$\overline{g}_{(x,u,w)}(\widetilde{X}_1, \widetilde{Y}_1), (\widetilde{X}_2, \widetilde{Y}_2) = \widetilde{g}_{(x,u)}(\widetilde{X}_1, \widetilde{X}_2) + \widetilde{g}_{(x,w)}(\widetilde{Y}_1, \widetilde{Y}_2)$$

Théorème 4.1.1. *Soient (M, g) une variété Riemannienne et ∇ sa connexion de Levi-Civita. Si $\widehat{\nabla}$ désigne la connexion de Levi-Civita asoociée à la métrique $\widehat{g} = g^S \oplus g^S$ induite par la métrique de Sasaki g^S sur la variété $TM \oplus TM$. alors*

1. $(\widehat{\nabla}_{(X^H, X^H)}(Y^H, Y^H)_p = ((\nabla_X Y)^H, (\nabla_X Y)^H)_p - \frac{1}{2}((R(X, Y)u)^V, (R(X, Y)w)^V)$,
2. $(\widehat{\nabla}_{(X^H, X^H)}(Y^V, 0)_p = (\nabla_X Y)^V, 0) + \frac{1}{2}(R(u, Y)X)^H, R(u, Y)X)^H)$
3. $(\widehat{\nabla}_{(X^H, X^H)}(0, Y^V)_p = (0, \nabla_X Y)^V) + \frac{1}{2}(R(w, Y)X)^H, R(w, Y)X)^H)$
4. $(\widehat{\nabla}_{(X^V, 0)}(Y^H, Y^H))_p = \frac{1}{2}(R_x(u, X)Y))^H, R_x(u, X)Y))^H)$
5. $(\widehat{\nabla}_{(0, X^V)}(Y^H, Y^H))_p = \frac{1}{2}(R_x(w, X)Y))^H, R_x(w, X)Y))^H)$
6. $(\widehat{\nabla}_{(X^V, 0)}(Y^V, 0))_p = 0$
7. $(\widehat{\nabla}_{(X^V, 0)}(0, Y^V))_p = 0$
8. $(\widehat{\nabla}_{(0, X^V)}(Y^V, 0))_p = 0$
9. $(\widehat{\nabla}_{(0, X^V)}(0, Y^V))_p = 0$

pour tout champs de vecteur $X, Y \in \Gamma(TM)$ et $p = (x, u, w) \in TM \oplus TM$.

On se contente de démontrer les équations (1) et (4), les autres équations s'obtiennent de la même façon.
Preuve : de l'équation (1).

4.1 Propriétés géométriques de la variété $TM \oplus TM$

D'aprés la formule de Kozul, on a :

$$\begin{aligned}
2\widehat{g}(\widehat{\nabla}_{(X^H, X^H)}(Y^H, Y^H) &, \quad (Z^H, Z^H)) \\
&= (X^H, X^H)(\widehat{g}((Y^H, Y^H), (Z^H, Z^H))) \\
&+ (Y^H, Y^H)(\widehat{g}((X^H, X^H), (Z^H, Z^H))) \\
&- (Z^H, Z^H)(\widehat{g}((X^H, X^H), (Y^H, Y^H))) \\
&+ \widehat{g}((Z^H, Z^H), [(X^H, X^H)), (Y^H, Y^H)]) \\
&+ \widehat{g}((Y^H, Y^H), [(Z^H, Z^H), (X^H, X^H)]) \\
&+ \widehat{g}((X^H, X^H), [(Z^H, Z^H), (Y^H, Y^H)]) \\
&= (X^H, X^H)(g(Y, Z)^V \circ P_1 + g(Y, Z)^V \circ P_2) \\
&+ (Y^H, Y^H)(g(X, Z)^V \circ P_1 + g(X, Z)^V \circ P_2) \\
&- (Z^H, Z^H)(g(X, Y)^V \circ P_1 + g(X, Y)^V \circ P_2) \\
&+ \widehat{g}((Z^H, Z^H), ([X^H, Y^H], [X^H, Y^H])) \\
&+ \widehat{g}((Y^H, Y^H), ([Z^H, X^H], [Z^H, X^H])) \\
&+ \widehat{g}((X^H, X^H), ([Z^H, Y^H], [Z^H, Y^H])) \\
&= \{X^H(g(Y, Z)^V + Y^H(g(X, Z)^V - Z^H(g(X, Y)^V\} \circ P_1 \\
&+ \{X^H(g(Y, Z)^V + Y^H(g(X, Z)^V - Z^H(g(X, Y)^V\} \circ P_2 \\
&+ \{g^S(Z^H, [X^H, Y^H]) + g^S(Y^H, [Z^H, X^H]) + g^S(X^H, [Z^H, Y^H])\} \circ P_1 \\
&+ \{g^S(Z^H, [X^H, Y^H]) + g^S(Y^H, [Z^H, X^H]) + g^S(X^H, [Z^H, Y^H])\} \circ P_2 \\
&= \{X(g(Y, Z) + Y(g(X, Z) - Z(g(X, Y)\}^V \circ P_1 \\
&+ \{X(g(Y, Z) + Y(g(X, Z) - Z(g(X, Y)\}^V \circ P_2 \\
&+ \{g(Z, [X, Y]) + g(Y, [Z, X]) + g(X, [Z, Y])\}^V \circ P_1 \\
&+ \{g(Z, [X, Y]) + g(Y, [Z, X]) + g(X, [Z, Y])\}^V \circ P_2 \\
&= 2\{g(\nabla_X Y, Z)\}^V \circ P_1 + 2\{g(\nabla_X Y, Z)\}^V \circ P_2 \\
&= 2\{g^S((\nabla_X Y)^H, Z^H)\} \circ P_1 + 2\{g^S((\nabla_X Y)^H, Z^H)\} \circ P_2
\end{aligned}$$

d'où

$$\widehat{g}(\widehat{\nabla}_{(X^H, X^H)}(Y^H, Y^H), (Z^H, Z^H)) = \widehat{g}((\nabla_X Y)^H, (\nabla_X Y)^H), (Z^H, Z^H) \quad (4.1)$$

$$
\begin{aligned}
2\widehat{g}(\widehat{\nabla}_{(X^H,X^H)}(Y^H,Y^H),(0,Z^V)) &= (X^H,X^H)(\widehat{g}((Y^H,Y^H),(0,Z^V))) \\
&+ (Y^H,Y^H)(\widehat{g}((X^H,X^H),(0,Z^V))) \\
&- (0,Z^V)(\widehat{g}((X^H,X^H),(Y^H,Y^H))) \\
&+ \widehat{g}((0,Z^V),[(X^H,X^H),(Y^H,Y^H)]) \\
&+ \widehat{g}((Y^H,Y^H),[(0,Z^V),(X^H,X^H)]) \\
&+ \widehat{g}((X^H,X^H),[(0,Z^V),(Y^H,Y^H)]) \\
&= \widehat{g}((0,Z^V),([X^H,Y^H],[X^H,Y^H])) \\
&+ \widehat{g}((Y^H,Y^H),([0,X^H],[Z^V,X^H])) \\
&+ \widehat{g}((X^H,X^H),([0,Y^H],[Z^V,Y^H])) \\
&= \widehat{g}((0,Z^V),([X,Y]^H,[X,Y]^H)) \\
&- \widehat{g}((0,Z^V),(R^v(X,Y),R^v(X,Y))) \\
&- \widehat{g}((Y^H,Y^H),(0,(\nabla_X Z)^V)) \\
&- \widehat{g}((X^H,X^H),(0,(\nabla_Y Z)^V)) \\
&= -\ g^S(Z^V,R^v(X,Y))\circ P_2
\end{aligned}
$$

d'où
$$\widehat{g}(\widehat{\nabla}_{(X^H,X^H)}(Y^H,Y^H),(0,Z^V)) = \widehat{g}((0,-\frac{1}{2}R^v(X,Y)),(0,Z^V)). \qquad (4.2)$$

de même on a :
$$\widehat{g}(\widehat{\nabla}_{(X^H,X^H)}(Y^H,Y^H),(Z^V,0)) = \widehat{g}((-\frac{1}{2}R^v(X,Y),0),(Z^V,0)). \qquad (4.3)$$

des formules (4.1), (4.2) et (4.3), on obtient :

$$\widehat{\nabla}_{(X^H,X^H)}(Y^H,Y^H) = (\nabla_X Y)^H, (\nabla_X Y)^H) - \frac{1}{2}(R^v(X,Y),0) - \frac{1}{2}(0,R^v(X,Y))$$

∎

Preuve : de l'équation (4)

D'aprés la formule de Kozul, ona :

4.1 Propriétés géométriques de la variété $TM \oplus TM$ [N.E.H. Djaa] 79

$$\begin{aligned}
2\widehat{g}(\widehat{\nabla}_{(X^V,0)}(Y^H,Y^H),(Z^H,Z^H)) &= (X^V,0)(\widehat{g}((Y^H,Y^H),(Z^H,Z^H))) \\
&+ (Y^H,Y^H)(\widehat{g}((X^V,0),(Z^H,Z^H))) \\
&- (Z^H,Z^H)(\widehat{g}((X^V,0),(Y^H,Y^H))) \\
&+ \widehat{g}((Z^H,Z^H),[(X^V,0),(Y^H,Y^H)]) \\
&+ \widehat{g}((Y^H,Y^H),[(Z^H,Z^H),(X^V,0)]) \\
&+ \widehat{g}((X^V,0),[(Z^H,Z^H),(Y^H,Y^H)]) \\
&= (X^V,0)(g(Y,Z)^V \circ P_1 + g(Y,Z)^V \circ P_2) \\
&+ \widehat{g}((X^V,0),([Z^H,Y^H],[Z^H,Y^H])) \\
&= \widehat{g}((X^V,0),([Z,Y]^H - R^v(Z,Y),[Z,Y]^H - R^v(Z,Y))) \\
&= \widetilde{g}((X^V,[Z,Y]^H - R^v(Z,Y)) \circ P_1 \\
&= -g((X,R(Z,Y))^V \circ P_1
\end{aligned}$$

ainsi pour $(x,u,w) \in TM \oplus TM$, on obtient :

$$\begin{aligned}
2\widehat{g}(\widehat{\nabla}_{(X^V,0)}(Y^H,Y^H),(Z^H,Z^H))_{(x,u,w)} &= -g((X,R(Z,Y))^V_{(x,u)} \\
&= -g_x((X,R(Z,Y)u) \\
&= g_x((R(Y,Z)u,X) \\
&= g_x((R(u,X)Y,Z) \\
&= \widehat{g}(((R_x(u,X)Y)^H,((R_x(u,X)Y)^H),(Z^H_x,Z^H_x))
\end{aligned}$$

d'où

$$2\widehat{g}(\widehat{\nabla}_{(X^V,0)}(Y^H,Y^H),(Z^H,Z^H))_{(x,u,w)} = \widehat{g}(((R_x(u,X)Y)^H,((R_x(u,X)Y)^H),(Z^H_x,Z^H_x))) \tag{4.4}$$

$$\begin{aligned}
2\widehat{g}(\widehat{\nabla}_{(X^V,0)}(Y^H,Y^H),(Z^V,0)) &= (X^V,0)(\widehat{g}((Y^H,Y^H),(Z^V,0))) \\
&+ (Y^H,Y^H)(\widehat{g}((X^V,0),(Z^V,0))) \\
&- (Z^V,0)(\widehat{g}((X^V,0),(Y^H,Y^H))) \\
&+ \widehat{g}((Z^V,0),[(X^V,0),(Y^H,Y^H)]) \\
&+ \widehat{g}((Y^H,Y^H),[(Z^V,0),(X^V,0)]) \\
&+ \widehat{g}((X^V,0),[(Z^V,0),(Y^H,Y^H)]) \\
&= Y(g(X,Z))^V \circ P_1 - g(Z,\nabla_Y X)^V \circ P_1 - g(X,\nabla_Y Z)^V \circ P_1 \\
&= 0
\end{aligned}$$

d'où pour $(x,u,w) \in TM \oplus TM$, on a :

$$2\widehat{g}_{(x,u,w)}(\widehat{\nabla}_{(X^V,0)}(Y^H,Y^H),(Z^V,0)=0=\widehat{g}(((R_x(u,X)Y)^H,((R_x(u,X)Y)^H),(Z_x^V,0)) \quad (4.5)$$

$$\begin{aligned}
2\widehat{g}(\widehat{\nabla}_{(X^V,0)}(Y^H,Y^H),(0,Z^V)) &= (X^V,0)(\widehat{g}((Y^H,Y^H),(0,Z^V))) \\
&+ (Y^H,Y^H)(\widehat{g}((X^V,0),(0,Z^V))) \\
&- (0,Z^V)(\widehat{g}((X^V,0),(Y^H,Y^H))) \\
&+ \widehat{g}((0,Z^V),[(X^V,0),(Y^H,Y^H)]) \\
&+ \widehat{g}((Y^H,Y^H),[(0,Z^V),(X^V,0)]) \\
&+ \widehat{g}((X^V,0),[(0,Z^V),(Y^H,Y^H)]) \\
&= 0
\end{aligned}$$

d'où

$$2\widehat{g}_{(x,u,w)}(\widehat{\nabla}_{(X^V,0)}(Y^H,Y^H),(0,Z^V)=0=\widehat{g}(((R_x(u,X)Y)^H,((R_x(u,X)Y)^H),(0,Z_x^V)) \quad (4.6)$$

des formules (4.4), (4.5) et (4.6) on obtient :

$$\widehat{\nabla}_{(X^V,0)}(Y^H,Y^H)_p = \frac{1}{2}(R_x(u,X)Y))^H, R_x(u,X)Y))^H)$$

∎

4.2 Géométrie du fibré tangent d'ordre 2

4.2.1 Introduction

Soient M une variété de dimension m et $\mathcal{K} = \{\eta : \mathbb{R}_0 \to M, \quad C^\infty\}$, l'ensemble des courbes de classe C^∞ définient au voisinage de 0 dans $\mathbb{R}$ et à valeur dans la variété M. Sur $\mathcal{K}$, on défini la relation d'équivalence :

$$\eta \sim \overline{\eta} \Leftrightarrow \exists (U,\varphi) \in atl(M) \text{ tels que :}$$

$$\begin{aligned}
\eta(0) &= \overline{\eta}(0) \\
\frac{d\varphi \circ \eta}{dt}(0) &= \frac{d\varphi \circ \overline{\eta}}{dt}(0) \\
\frac{d^2\varphi \circ \eta}{dt^2}(0) &= \frac{d^2\varphi \circ \overline{\eta}}{dt^2}(0)
\end{aligned}$$

La relation $\sim$ ne dépend pas de la carte choisie, (on peut remplacer $\exists$ par $\forall$). L'ensemble quotient sera notée T^2M et la classe d'équivalence d'un élément η sera noté par $j_0^2\eta$.

$$T^2M = \{j_0^2\eta, \quad \eta \in \mathcal{K}\} \quad (4.7)$$

On pose :
$$\pi : T^2M \to M$$
$$j_0^2\eta \mapsto \eta(0)$$

la projection naturelle (canonique) de T^2M sur M.

Toute carte locale $(U, \varphi) \in atl(M)$, induit une carte de trivialisation locale, définie par

$$\widetilde{\varphi} : \pi^{-1}(U) \to \varphi(U) \times \mathbb{R}^{2m}$$
$$j_0^2\eta \mapsto (\varphi(\eta(0)), \frac{d\varphi \circ \eta}{dt}(0), \frac{d^2\varphi \circ \eta}{dt^2}(0))$$

tel que, $\varphi^{-1}(x,y,z) = j_0^2\eta$ où :

$$\eta(t) = \varphi^{-1}(x + ty + \frac{1}{2}t^2 z)$$

Si (U, φ) et (V, ψ) sont deux cartes sur M, alors l'application de transition est donnée par :

$$\widetilde{\psi} \circ \widetilde{\varphi}^{-1} : \varphi(U \cap V) \times \mathbb{R}^{2m} \to \psi(U \cap V) \times \mathbb{R}^{2m}$$
$$(x, y, z) \mapsto (a(x), a_j(x)y^j, a_{sk}(x)y^s y^k + a_j z^j)$$

où :
$$a(x) = \psi \circ \varphi^{-1}(x)$$
$$a_j(x) = \frac{\partial a}{\partial x^j}(x)$$
$$a_{sk}(x) = \frac{\partial^2 a}{\partial x^s \partial x^k}(x)$$

Ainsi le triplet (T^2M, π, M) est un fibré localement trivial (non vectoriel) de fibre en $p \in M$:

$$T_p^2 M = \{j_0^2\eta; \quad \eta \in \mathcal{K}, \quad \eta(0) = p\} \tag{4.8}$$

Proposition 4.2.1. *Si M est une une variété de dimension m, alors TM est un sous fibré de T^2M, et l'application*

$$i : TM \to T^2M$$
$$j_0^1 f \mapsto j_0^2 \widetilde{f} \tag{4.9}$$

est un homomorphisme injective de fibrés naturels localement triviaux (non vectoriels), où

$$\widetilde{f}^i = \int_0^t f^i(s)ds - tf^i(0) + f^i(0) \quad i = 1..n.$$

4.2 Géométrie du fibré tangent d'ordre 2

Preuve : Localement si (U, x^i) est une carte sur M, (U, x^i, y^i) et (U, x^i, y^i, z^i) sont les cartes induites sur TM et T^2M respectivement, alors i est donnée par :

$$i : (x^i, y^i) \mapsto (x^i, 0, y^i)$$

ce qui montre que i est un homomorphisme injective. Reste à montrer que i est bien définie.

Soient (U, φ) et (V, ψ) deux cartes sur M, pour tout vecteur $j_0^1 f \in TM$, si on note

$$\begin{aligned}
\widetilde{f}(t) &= \varphi^{-1}(\int_0^t \varphi \circ f(s)ds - t\varphi \circ f(0) + \varphi \circ f(0)) \\
\widehat{f}(t) &= \psi^{-1}(\int_0^t \psi \circ f(s)ds - t\psi \circ f(0) + \psi \circ f(0)) \\
g(t) &= \int_0^t \psi \circ f(s)ds - t\psi \circ f(0) + \psi \circ f(0)
\end{aligned}$$

alors
1)

$$\begin{aligned}
\varphi \circ \widetilde{f}(t) &= \int_0^t \varphi \circ f(s)ds - t\varphi \circ f(0) + \varphi \circ f(0) \\
\frac{d(\varphi \circ \widetilde{f})}{dt}(t) &= \varphi \circ f(t) - \varphi \circ f(0) \\
\frac{d^2(\varphi \circ \widetilde{f})}{dt^2}(t) &= \frac{d(\varphi \circ f)}{dt}(t)
\end{aligned}$$

2)

$$\begin{aligned}
\varphi \circ \widehat{f}(t) &= \varphi \circ \psi^{-1} \circ g(t) \\
\frac{d(\varphi \circ \widehat{f})}{dt}(t) &= \frac{\partial(\varphi \circ \psi^{-1})}{\partial x^i}(g(t))[\psi^i \circ f(t) - \psi^i \circ f(0)] \\
\frac{d^2(\varphi \circ \widehat{f})}{dt^2}(t) &= \frac{\partial^2(\varphi \circ \psi^{-1})}{\partial x^i \partial x^j}(g(t))[\psi^i \circ f(t) - \psi^i \circ f(0)][\psi^j \circ f(t) - \psi^j \circ f(0)] \\
&\quad + \frac{\partial(\varphi \circ \psi^{-1})}{\partial x^i}(g(t))[\frac{d(\psi^i \circ f)}{dt}(t)]
\end{aligned}$$

De 1) et 2) on déduit

$$\begin{aligned}
\varphi \circ \widehat{f}(0) &= \varphi \circ f(0) \\
&= \varphi \circ \widetilde{f}(0) \\
\frac{d}{dt}(\varphi \circ \widehat{f})(0) &= \frac{d}{dt}(\varphi \circ \widetilde{f})(0) \\
&= 0 \\
\frac{d^2}{dt^2}(\varphi \circ \widehat{f})(0) &= \frac{\partial(\varphi \circ \psi^{-1})}{\partial x^i}((\psi \circ f)(0))[\frac{d(\psi^i \circ f)}{dt}(0))] \\
&= \frac{d}{dt}[(\varphi \circ \psi^{-1}) \circ (\psi \circ f)]_{t=0} \\
&= \frac{d}{dt}(\varphi \circ f)(0) \\
&= \frac{d^2}{dt^2}(\varphi \circ \widehat{f})(0)
\end{aligned}$$

ce qui montre : $j_0^2 \widetilde{f} = j_0^2 \widehat{f}$.

■

4.2.2 Structure vecoriel sur T^2M

Théorème 4.2.1. *Soien (M,g) une variété Riemannienne et ∇ la connexion de Levi-Civita associée. Si $TM \oplus TM$ désigne la somme de Whitney , alors*

$$\begin{aligned}
S : T^2M &\to TM \oplus TM \\
j_0^2 \gamma &\mapsto (\dot{\gamma}(0), (\nabla_{\dot{\gamma}(0)}\dot{\gamma})(0))
\end{aligned} \tag{4.10}$$

est un difféomorphisme de fibrés naturels.

Localement, on a :

$$S : (x^i, y^i, z^i) \mapsto (x^i, y^i, z^i + y^j y^k \Gamma^i_{jk}) \tag{4.11}$$

$$D_{(x,y,z)}S = \begin{pmatrix} I_{\mathbb{R}^m} & 0 & 0 \\ 0 & I_{\mathbb{R}^m} & 0 \\ A(x,y) & B(x,y) & I_{\mathbb{R}^m} \end{pmatrix}$$

Dans le cas général le difféomorphisme S est considéré dans [25]

Remarque 4.2.1. *La structure vectorielle du fibré $TM \oplus TM$ peut être transportée par le difféomorphisme S au fibré tangent d'ordre 2 T^2M, pour laquelle S devient un isomorphisme de fibrés vectoriels. Pour cette structure, l'application $i : TM \to T^2M$ devient un homomorphisme injectif de fibrés vectoriels.*

4.2 Géométrie du fibré tangent d'ordre 2

Définition 4.2.1. *Soient (M,g) une variété Riemannienne de dimension m et T^2M le fibré tangent d'ordre 2, muni de la structure vectorielle du fibré induite par le difféomorphisme S. Pour toute section $\sigma \in \Gamma(T^2M)$, on définit deux champs de vecteurs sur M par les formules :*

$$\begin{aligned} X_\sigma &= P_1 \circ S \circ \sigma \\ Y_\sigma &= P_2 \circ S \circ \sigma \end{aligned} \tag{4.12}$$

où P_1 and P_2 désignent la première et la deuxième projection de $TM \oplus TM$ sur TM.

Remarque 4.2.2. *On peut facilement verifier que pour toutes sections $\sigma, \varpi \in \Gamma(T^2M)$ et $\alpha \in \mathbb{R}$, on a*

$$\begin{aligned} X_{\alpha\sigma+\varpi} &= \alpha X_\sigma + X_\varpi \\ Y_{\alpha\sigma+\varpi} &= \alpha Y_\sigma + Y_\varpi \end{aligned}$$

A partir des Remarques 4.2.1 et 4.2.2, on peut definir une connexion sur $\Gamma(T^2M)$.

Définition 4.2.2. *Soient M une variété de dimension m, munie d'une connexion linéaire ∇, et T^2M le fibré tangent d'ordre 2 associé à M, muni de la structure du fibré vectoriel induite par le difféomorphisme S. On defini une connexion linéaire sur $\Gamma(T^2M)$ par :*

$$\begin{aligned} \widehat{\nabla} : \Gamma(TM) \times \Gamma(T^2M) &\to \Gamma(T^2M) \\ (Z, \sigma) &\mapsto \widehat{\nabla}_Z \sigma = S^{-1}((\nabla_Z X_\sigma, \nabla_Z Y_\sigma)) \end{aligned} \tag{4.13}$$

De la formule (4.11) et la Définition 4.2.1, découle :

Proposition 4.2.2. *Si (U, x^i) est une carte sur la variété M et $(\sigma^i, \overline{\sigma}^i)$ désignent les composantes d'une section $\sigma \in \Gamma(T^2M)$ alors :*

$$\begin{aligned} X_\sigma &= \sigma^i \frac{\partial}{\partial x^i} \\ Y_\sigma &= (\overline{\sigma}^k + \sigma^i \sigma^j \Gamma_{ij}^k) \frac{\partial}{\partial x^k} \end{aligned}$$

Du Théorème 4.2.1 et la Remarque 4.2.2 , on déduit :

Proposition 4.2.3. *Soient M une variété de dimension m, et T^2M son fibré tangent associé d'ordre 2, alors*

$$\begin{aligned} J : \Gamma(TM) &\to \Gamma(T^2M) \\ Z &\mapsto S^{-1}(Z, 0) \end{aligned} \tag{4.14}$$

est un homomorphisme injectif de fibrés vectoriels.

Localement si (U, x^i) est une carte sur M, (U, x^i, y^i) et (U, x^i, y^i, z^i) sont les cartes induites sur TM et T^2M respectivement, alors l'expression de l'application J est donnée par :

$$J : (x^i, y^i) \mapsto (x^i, y^i, -y^j y^k \Gamma_{jk}^i) \tag{4.15}$$

4.2.3 λ-relèvement sur T^2M

Du corollaire 4.1.1 et le Théorème 4.2.1, on obtient

Définition 4.2.3. *Soient M une variété munie d'une connexion linéaire ∇, $X \in \Gamma(TM)$ un champ de vecteurs sur M et $u \in TM$. Pour tout $\lambda = 0, 1, 2$, le λ-relèvement de X à T^2M est défini par :*

$$\begin{aligned} X^0 &= S_*^{-1}(X^H, X^H) \\ X^1 &= S_*^{-1}(X^V, 0) \\ X^2 &= S_*^{-1}(0, X^V) \end{aligned} \quad (4.16)$$

respectivement :

$$\begin{aligned} u^0 &= S_*^{-1}(u^H, u^H) \\ u^1 &= S_*^{-1}(u^V, 0) \\ u^2 &= S_*^{-1}(0, u^V) \end{aligned} \quad (4.17)$$

Dans le cas général la notion du λ-relèvement est consideré dans la référence [25].

Théorème 4.2.2. *(voir [25]) Soient M une variété munie d'une connexion linéaire ∇ et R son tenseur de courbure, alors pour tout champs de vecteurs $X, Y \in \Gamma(TM)$ et $p \in T^2M$, on a :*

1. $[X^0, Y^0]_p = [X, Y]_p^0 - (\overline{R}(X,Y)u)^1 - (\overline{R}(X,Y)w)^2$
2. $[X^0, Y^i] = (\overline{\nabla}_X Y)^i$
3. $[X^i, Y^j] = 0$.

où $\overline{\nabla}$ est la connexion symetrique de ∇, $\overline{R}$ le tenseur de courbure associé à $\overline{\nabla}$, $(u, w) = S(p)$ et $i, j = 1, 2$.

Preuve :

-
$$\begin{aligned} S_*([X^0, Y^0])_{S(p)} &= [(X^H, X^H), (Y^H, Y^H)]_{(u,w)} \\ &= ([X^H, Y^H]_u, [X^H, Y^H]_w) \\ &= ([X,Y]_u^H - (\overline{R}(X,Y)u)^V, [X,Y]_w^H - (\overline{R}(X,Y)w)^V) \\ &= ([X,Y]_u^H, [X,Y]_w^H) - ((\overline{R}(X,Y)u)^V, 0) - (0, (\overline{R}(X,Y)w)^V)) \end{aligned}$$

-
$$\begin{aligned} S_*([X^0, Y^1])_{S(p)} &= [(X^H, X^H), (Y^V, 0)]_{(u,w)} \\ &= ([X^H, Y^V]_u, [X^H, 0]_w) \\ &= ((\overline{\nabla}_X Y)_u^V, 0) \end{aligned}$$

De la même façon on démontre les autres équations. ∎

Définition 4.2.4. *Soit M une variété munie d'une connexion linéaire ∇. Pour toute section $\sigma \in \Gamma(T^2M)$ on définit le relèvement vertical de σ à T^2M par :*

$$\sigma^V = S_*^{-1}(X_\sigma^V, Y_\sigma^V) \in \Gamma(T(T^2M)). \tag{4.18}$$

Remarque 4.2.3. *De la Définition 4.2.1 et les formules (4.9), (4.14), (4.16) et (4.18), pour tout $\sigma \in \Gamma(T^2M)$ et $Z \in \Gamma(TM)$, on obtient :*

- $\sigma^V = X_\sigma^1 + Y_\sigma^2$
- $(\widehat{\nabla}_Z \sigma)^V = (\nabla_Z X_\sigma)^1 + (\nabla_Z Y_\sigma)^2$
- $Z^1 = J(Z)^V$
- $Z^2 = i(Z)^V$

4.3 Metrique diagonale et harmonicité

4.3.1 Metrique diagonale sur le fibré tangent T^2M

De la définition Definition 3.5.2 et la formule (4.16), on obtient :

Théorème 4.3.1. *Soient (M,g) une variété Riemannienne et TM son fibré tangent muni de la metrique de Sasaki g^S, alors*

$$g^D = S_*^{-1}(\widetilde{g} \oplus \widetilde{g})$$

est l'unique metrique sur le fibré tangent d'ordre 2, T^2M qui verifie la formule suivante :

$$g^D(X^i, Y^j) = \delta_{ij} \cdot g(X,Y) \circ \pi_2 \tag{4.19}$$

pour tout champs de vecteurs $X, Y \in \Gamma(TM)$ et $i,j = 0,..,2$, où $\widetilde{g}$ est la métrique definie par :

$$\begin{aligned}
\widetilde{g}(X^H, Y^H) &= \frac{1}{2} g^S(X^H, Y^H) \\
\widetilde{g}(X^H, Y^V) &= g^S(X^H, Y^V) \\
\widetilde{g}(X^V, Y^V) &= g^S(X^V, Y^V),
\end{aligned}$$

g^D set appelé le relèvement diagonal de g à T^2M.

Théorème 4.3.2. *Soient (M,g) une variété Riemannienne et ∇ sa connexion de Levi-Civita. Si $\widetilde{\nabla}$ désigne la connexion de Levi-Civita asoociée à la métrique diagonale induite metric g^D sur le fibré tangent d'orde 2, T^2M. Alors*

1. $(\widetilde{\nabla}_{X^0} Y^0)_p = (\nabla_X Y)^0 - \frac{1}{2}(R(X,Y)u)^1 - \frac{1}{2}(R(X,Y)w)^2$,

4.3 Métrique diagonale et harmonicité

2. $(\widetilde{\nabla}_{X^0} Y^1)_p = (\nabla_X Y)^1 + \frac{1}{2}(R(u,Y)X)^0$,
3. $(\widetilde{\nabla}_{X^0} Y^2)_p = (\nabla_X Y)^2 + \frac{1}{2}(R(w,Y)X)^0$,
4. $(\widetilde{\nabla}_{X^1} Y^0)_p = \frac{1}{2}(R_x(u,X)Y))^0$,
5. $(\widetilde{\nabla}_{X^2} Y^0)_p = \frac{1}{2}(R_x(w,X)Y))^0$,
6. $(\widetilde{\nabla}_{X^i} Y^j)_p = 0$

pour tout champs de vecteurs $X, Y \in \Gamma(TM)$ et $p \in \Gamma(T^2M)$, où $i,j = 1,2$ et $S(p) = (x,u,w)$.

La preuve du Théorème 4.3.2 découle des Théorèmes 4.1.1 et 4.3.1, en tenant compte que :

$$S_*(\widetilde{\nabla}) = \widehat{\nabla}$$

où $\widehat{\nabla}$ désigne la connexion sur $TM \oplus TM$, associée à la métrique $\widetilde{g} \oplus \widetilde{g}$.

4.3.2 Harmonicité d'une section sur le fibré tangent T^2M

Lemme 4.3.1. *Soient (M,g) uen variété Riemannienne et (TM, g^S) son fibré tangent equippé de la métrique de Sasaki . Si $X, Y \in \Gamma(TM)$ sont des champs de vecteurs et $p = (x,u) \in TM$ tels que $X_x = u$, alors*

$$d_x X(Y_x) = Y^H_{(x,u)} + (\nabla_Y X)^V_{(x,u)}.$$

Preuve : Soient (U, x^i) une carte locale sur M au voisinage de $x \in M$ et $(\pi^{-1}(U), x^i, y^j)$ la carte induite sur TM, si $\quad X_x = X^i(x)\frac{\partial}{\partial x^i}|_x$ et $Y_x = Y^i(x)\frac{\partial}{\partial x^i}|_x$, alors

$$d_x X(Y_x) = Y^i(x)\frac{\partial}{\partial x^i}|_{(x,X_x)} + Y^i(x)\frac{\partial X^k}{\partial x^i}(x)\frac{\partial}{\partial y^k}|_{(x,X_x)},$$

dont la partie horizontale est donnée par :

$$\begin{aligned}(d_x X(Y_x))^h &= Y^i(x)\frac{\partial}{\partial x^i}|_{(x,X_x)} - Y^i(x)X^j(x)\Gamma^k_{ij}(x)\frac{\partial}{\partial y^k}|_{(x,X_x)} \\ &= Y^H_{(x,X_x)}\end{aligned}$$

et la partie verticale est donnée par :

$$\begin{aligned}(d_x X(Y_x))^v &= \{Y^i(x)\frac{\partial X^k}{\partial x^i}(x) + Y^i(x)X^j(x)\Gamma^k_{ij}(x)\}\frac{\partial}{\partial y^k}|_{(x,X_x)} \\ &= (\nabla_Y X)^V_{(x,X_x)}.\end{aligned}$$

∎

Lemme 4.3.2. *Soient (M,g) une variété Riemannienne et (T^2M, g^D) son fibré tangent d'ordre 2 asoocié, muni de la métrique diagonal induite. Si $Z \in \Gamma(TM)$ et $\sigma \in \Gamma(T^2M)$, alors on a :*

$$d_x\sigma(Z_x) = Z^0_p + (\widehat{\nabla}_Z \sigma)^V_p = Z^0_p + (\nabla_Z X_\sigma)^1_p + (\nabla_Z Y_\sigma)^2_p. \qquad (4.20)$$

où $p = \sigma(x)$.

Preuve : En utilisant le Lemme 4.3.1, on obtient :

$$\begin{aligned}
d_x\sigma(Z) &= dS^{-1}(dX_\sigma(Z), dY_\sigma(Z))_{S(p)} \\
&= dS^{-1}(Z^h, Z^h)_{S(p)} + dS^{-1}((\nabla_Z X_\sigma)^v, (\nabla_Z Y_\sigma)^v)_{S(p)} \\
&= Z_p^0 + (\nabla_Z X_\sigma)_p^1 + (\nabla_Z Y_\sigma)_p^2 \\
&= Z_p^0 + (\widehat{\nabla}_Z \sigma)_p^V.
\end{aligned}$$

∎

Lemme 4.3.3. *Soient* (M, g) *une variété Riemannienne et* (T^2M, g^D) *son fibré tangent d'ordre 2 asoocié, muni de la métrique diagonal induite. Si* $\sigma \in \Gamma(T^2M)$, *alors la densité d'énergie associée à la section* σ *est donnée par :*

$$e(\sigma) = \frac{n}{2} + \frac{1}{2}\|\widehat{\nabla}\sigma\|^2.$$

où $\|\widehat{\nabla}\sigma\|^2 = trace_g g(\nabla X_\sigma, \nabla X_\sigma) + trace_g g(\nabla Y_\sigma, \nabla Y_\sigma)$.

Preuve : soit $(e_1, ..., e_n)$ une base orthonormale locale de champs de vecteurs sur M, d'après le Lemme 4.3.2,on a :

$$e(\sigma) = \frac{1}{2}\sum_{i=1}^n g^D(d\sigma(e_i), d\sigma(e_i))$$

En utilisant la formule (4.20) et la Remarque 4.2.3, on obtient

$$\begin{aligned}
e(\sigma) &= \frac{1}{2}\sum_{i=1}^n g^D(e_i^0, e_i^0) + \frac{1}{2}\sum_{i=1}^n g^D((\widehat{\nabla}_{e_i}\sigma)^V, (\widehat{\nabla}_{e_i}\sigma)^V) \\
&= \frac{n}{2} + \frac{1}{2}\|\widehat{\nabla}\sigma\|^2.
\end{aligned}$$

∎

Théorème 4.3.3. *Soient* (M, g) *une variété Riemannienne et* (T^2M, g^D) *son fibré tangent d'ordre 2 asoocié, muni de la métrique diagonal induite. Alors le champ de tension associé à* $\sigma \in \Gamma(T^2M)$ *est donné par :*

$$\tau(\sigma) = (trace_g \widehat{\nabla}^2 \sigma)^V + (trace_g \{R(X_\sigma, \nabla_* X_\sigma) * + R(Y_\sigma, \nabla_* Y_\sigma)*\})^0. \qquad (4.21)$$

Preuve : Soient $x \in M$ et $\{e_i\}_{i=1}^n$ une base orthonormale locale de champs de vecteurs sur M telle que $\nabla_{e_i} e_j = 0$, alors

$$\begin{aligned}
\tau(\sigma)_x &= \sum_{i=1}^n (\nabla_{d\sigma(e_i)} d\sigma(e_i))_{\sigma(x)} \\
&= \sum_{i=1}^n \left[\nabla_{e_i^0 + (\widehat{\nabla}_{e_i}\sigma)^V}\left(e_i^0 + (\widehat{\nabla}_{e_i}\sigma)^V\right)\right]_{\sigma(x)}
\end{aligned}$$

Du Théorème 4.3.2, on obtient

$$\tau(\sigma)_x = \sum_{i=1}^{n}\left\{\nabla_{e_i^0}e_i^0 + \nabla_{e_i^0}(\nabla_{e_i}X_\sigma)^1 + \nabla_{e_i^0}(\nabla_{e_i}Y_\sigma)^2 + \nabla_{(\nabla_{e_i}X_\sigma)^1}e_i^0 + \nabla_{(\nabla_{e_i}Y_\sigma)^2}e_i^0\right\}_{\sigma(x)}$$

$$= \sum_{i=1}^{n}\left\{(\nabla_{e_i}\nabla_{e_i}X_\sigma)^1_{\sigma(x)} + (\nabla_{e_i}\nabla_{e_i}Y_\sigma)^2_{\sigma(x)} + (R_x(X_\sigma(x),\nabla_{e_i}X_\sigma)e_i)^0\right.$$

$$\left. + (R_x(Y_\sigma(x),\nabla_{e_i}Y_\sigma)e_i)^0\right\}$$

∎

Théorème 4.3.4. *Soient (M,g) une variété Riemannienne et (T^2M,g^D) son fibré tangent d'ordre 2 asoocié, muni de la métrique diagonal induite. Une section $\sigma: M \to T^2M$ est harmonique si et seulement si les conditions suivantes sont verifiées :*

$$trace_g(\nabla^2 X_\sigma) = 0,$$
$$trace_g(\nabla^2 Y_\sigma) = 0,$$
$$trace_g\{R(X_\sigma,\nabla_* X_\sigma)* + R(Y_\sigma,\nabla_* Y_\sigma)*\} = 0.$$

Proposition 4.3.1. *(voir [41]) Un champ de vecteur $X : (M,g) \to (TM,g^s)$ est harmonique si et seulement si :*

$$\sum_{i=1}^{n} X_{ii}^k = 0, \quad \sum_{i=1}^{n} R_{ilj}^k X_i^j = 0.$$

où X_i^k (resp X_{ij}^k) sont les composantes de la première dérivée covariante ∇X (resp la deuxième dérivée covariante $\nabla^2 X = \nabla\nabla X$) du champ de vecteurs X.

De la Proposition 4.3.1 et le Théorème 4.4.3, on obtient

Corollaire 4.3.1. *Soient (M,g) une variété Riemannienne et (T^2M,g^D) son fibré tangent d'ordre 2 asoocié, muni de la métrique diagonal induite. Si $\sigma : M \to T^2M$ est une section telle que X_σ et Y_σ sont des champs de vecteurs harmoniques, alors σ est une section harmonique.*

Corollaire 4.3.2. *Soient (M,g) une variété Riemannienne et (T^2M,g^D) son fibré tangent d'ordre 2 asoocié, muni de la métrique diagonal induite. Si $\sigma : M \to T^2M$ est une section telle que X_σ and Y_σ sont parallels, alors σ est une section harmonique.*

Théorème 4.3.5. *Soient (M,g) une variété Riemannienne compact et (T^2M,g^D) son fibré tangent d'ordre 2 asoocié, muni de la métrique diagonal induite. Alors $\sigma : M \to T^2M$ est une section harmonique si et seulement si σ est parallelle (i.e $\widehat{\nabla}\sigma = 0$).*

Preuve :
Si σ est parallele, du Corollaire4.4.1, on déduit que σ est harmonique. Inversement,
Soit σ_t une variation de σ à support compact definie par $\sigma_t = (1+t)\sigma$. Du Lemme 4.4.1 on obtient

$$e(\sigma_t) = \frac{n}{2} + \frac{(t+1)^2}{2}\|\widehat{\nabla}\sigma\|^2.$$

Si σ est un point critique de la fonctionnelle énergie, alors :
$$\begin{aligned} 0 &= \frac{d}{dt}E(\sigma_t)_{|t=0}, \\ &= \int_M \|\widehat{\nabla}\sigma\|^2 dv_{g^D} \end{aligned}$$

D'où $\widehat{\nabla}\sigma = 0$. ∎

4.4 Métrique Naturelle sur T^2M.

4.4.1 Métrique naturelle sur T^2M.

Définition 4.4.1. *Soient (M,g) une variété riemannienne et $\beta_1, \beta_2 \in \mathbb{R}_+$. On définit la métrique naturelle G sur le fibré tangent d'ordre deux T^2M par*

$$G = S_*^{-1}(\widetilde{g}_1 \oplus \widetilde{g}_2) \qquad (4.22)$$

où $\widetilde{g}_1$ (resp $\widetilde{g}_2$) désigne la β_1-métrique (resp β_2-métrique) sur TM.

De la Définition 4.4.1 et la formule (4.16), on obtient

Proposition 4.4.1. *If $p \in T^2M$, then for all vector fields $X, Y \in \Gamma(TM)$ and $i, j \in \{0, 1, 2\}$ ($i \neq j$), we obtain*

1. $G_p(X^0, Y^0) = g(X,Y)_x$
2. $G_p(X^i, Y^j) = 0$
3. $G_p(X^1, Y^1) = \frac{1}{\alpha_1}(g(X,Y) + \beta_1 g(X,u)g(Y,u))_x$
4. $G_p(X^2, Y^2) = \frac{1}{\alpha_2}(g(X,Y) + \beta_2 g(X,w)g(Y,w))_x$

où $S(p) = (x, u, w) \in T_xM \oplus T_xM$, $\alpha_1 = 1 + \beta_1 g(u,u)$ and $\alpha_2 = 1 + \beta_2 g(w,w)$

Notons que si $\beta_1 = \beta_2 = 0$ alors G est la métrique diagonal sur on T^2M.

Théorème 4.4.1. *Soient (M,g) une variété riemannienne et $\beta_1, \beta_2 \in \mathbb{R}_+$. Si $\widetilde{\nabla}$ désigne la connexion de Levi-Civita sur (T^2M, G), alors pour tout $p \in T^2M$, $X, Y \in \Gamma(TM)$ et $i, j = 1, 2$ ($i \neq j$) on a :*

$$
\begin{aligned}
1.\ & (\widetilde{\nabla}_{X^0} Y^0)_p = (\nabla_X Y)^0 - \frac{1}{2}(R(X,Y)u)^1 - \frac{1}{2}(R(X,Y)w)^2, \\
2.\ & (\widetilde{\nabla}_{X^0} Y^1)_p = (\nabla_X Y)^1 + \frac{1}{2\alpha_1}(R(u,Y)X)^0 \\
3.\ & (\widetilde{\nabla}_{X^0} Y^2)_p = (\nabla_X Y)^2 + \frac{1}{2\alpha_2}(R(w,Y)X)^0 \\
4.\ & (\widetilde{\nabla}_{X^1} Y^0)_p = \frac{1}{2\alpha_1}(R(u,X)Y))^0 \\
5.\ & (\widetilde{\nabla}_{X^2} Y^0)_p = \frac{1}{2\alpha_2}(R(w,X)Y))^0 \\
6.\ & (\widetilde{\nabla}_{X^1} Y^1)_p = -\frac{\beta_1}{\alpha_1^2}\Big[\alpha_1\big(g(X_x,u)Y^1 + g(Y_x,u)X^1\big) - \beta_1 g(X_x,u)g(Y_x,u)u^1 \\
& \qquad\qquad\qquad -(1+\alpha_1)g(X_x,Y_x)u^1\Big] \\
7.\ & (\widetilde{\nabla}_{X^2} Y^2)_p = -\frac{\beta_2}{\alpha_2^2}\Big[\alpha_2\big(g(X_x,w)Y^2 + g(Y_x,w)X^2\big) - \beta_2 g(X_x,w)g(Y_x,w)w^2 \\
& \qquad\qquad\qquad -(1+\alpha_2)g(X_x,Y_x)w^2\Big] \\
8.\ & (\widetilde{\nabla}_{X^i} Y^j)_p = 0.
\end{aligned}
$$

4.4 Métrique Naturelle sur T^2M. [N.E.H. Djaa] 92

où ∇ et R désignent la connexion de Levi-Civita et le tenseur de courbure associés respectivement à (M,g).

Utilisant la Proposition 4.4.1 et la formule de Koszul, on obtient le Théorème 4.4.1.

Lemme 4.4.1. *Soient (M,g) une variété riemannienne de dimension n et (T^2M,G) son fibré tangent d'ordre deux équipé de la métrique naturelle. Si $\sigma \in \Gamma(T^2M)$, alors la densité d'énergie associée à σ est donnée par :*

$$e(\sigma) = \frac{n}{2} + \frac{1}{2\alpha_1}trace_g g(\nabla X_\sigma, \nabla X_\sigma) + \frac{1}{2\alpha_2}trace_g g(\nabla Y_\sigma, \nabla Y_\sigma)$$
$$+ \frac{\beta_1}{2\alpha_1}trace_g[g(\nabla X_\sigma, X_\sigma)]^2 + \frac{\beta_2}{2\alpha_2}trace_g[g(\nabla Y_\sigma, Y_\sigma)]^2.$$

Démonstration. Soient $p = S^{-1}(x,u,w) \in T^2M$ et $(e_1,...,e_n)$ une base locale orthonormale sur M en x, alors

$$2e(\sigma)_p = \sum_{i=1}^{n} G_p(d\sigma(e_i), d\sigma(e_i))$$

Utilisant la formule 4.20, on obtient

$$2e(\sigma)_p = \sum_{i=1}^{n} G_p(e_i^0, e_i^0) + \sum_{i=1}^{n} G_p(\nabla_{e_i}X_\sigma)^1, (\nabla_{e_i}X_\sigma)^1)$$
$$+ \sum_{i=1}^{n} G_p(\nabla_{e_i}Y_\sigma)^1, (\nabla_{e_i}Y_\sigma)^1)$$

Tenant compte que $(X_\sigma)_x = u$ et $(Y_\sigma)_x = w$, alors de la Proposition 4.4.1, on déduit :

$$2e(\sigma) = n + \frac{1}{\alpha_1}trace_g g(\nabla X_\sigma, \nabla X_\sigma) + \frac{1}{\alpha_2}trace_g g(\nabla Y_\sigma, \nabla Y_\sigma)$$
$$+ \frac{\beta_1}{\alpha_1}trace_g[g(\nabla X_\sigma, X_\sigma)]^2 + \frac{\beta_2}{\alpha_2}trace_g[g(\nabla Y_\sigma, Y_\sigma)]^2.$$

Théorème 4.4.2. *Soient (M,g) une variété riemannienne et (T^2M,G) son fibré tangent d'ordre deux équipé de la métrique naturelle. Alors le champ de tension associé à $\sigma \in \Gamma(T^2M)$ est donné par :*

$$\tau(\sigma) = (trace_g A(X_\sigma))^1 + (trace_g B(Y_\sigma))^2$$
$$+ (trace_g\{R(X_\sigma, \nabla_* X_\sigma) * + R(Y_\sigma, \nabla_* Y_\sigma)*\})^0. \qquad (4.23)$$

où $A(X_\sigma)$ et $B(Y_\sigma)$) sont des formes bilinéaires définies par :

$$A(X_\sigma) = \nabla^2 X_\sigma + \frac{(1+\alpha_1)\beta_1}{\alpha_1^2}g(\nabla X_\sigma, \nabla X_\sigma)X_\sigma + \frac{\beta_1^2}{\alpha_1^2}g(\nabla X_\sigma, X_\sigma)^2 X_\sigma$$
$$- 2\frac{\beta_1}{\alpha_1}g(\nabla X_\sigma, X_\sigma)\nabla X_\sigma$$

4.4 Métrique Naturelle sur T^2M.

$$B(Y_\sigma) = \nabla^2 Y_\sigma + \frac{(1+\alpha_2)\beta_2}{\alpha_2^2} g(\nabla Y_\sigma, \nabla Y_\sigma) Y_\sigma + \frac{\beta_2^2}{\alpha_2^2} g(\nabla Y_\sigma, Y_\sigma)^2 Y_\sigma$$
$$- 2\frac{\beta_2}{\alpha_2} g(\nabla Y_\sigma, Y_\sigma) \nabla Y_\sigma$$

Démonstration. Soient $x \in M$ et $\{e_i\}_{i=1}^n$ une base locale orthonormale sur M telle que $\nabla_{e_i} e_j = 0$, par sommation sur l'indice i, on obtient :

$$\tau(\sigma)_x = \left[\widetilde{\nabla}_{d\sigma(e_i)} d\sigma(e_i)\right]_{\sigma(x)}$$
$$= \left[\widetilde{\nabla}_{e_i^0 + (\nabla_{e_i} X_\sigma)^1 + (\nabla_{e_i} Y_\sigma)^2} \left(e_i^0 + (\nabla_{e_i} X_\sigma)^1 + (\nabla_{e_i} Y_\sigma)^2\right)\right]_{\sigma(x)}$$
$$= \left[\widetilde{\nabla}_{e_i^0} e_i^0 + \widetilde{\nabla}_{e_i^0}(\nabla_{e_i} X_\sigma)^1 + \widetilde{\nabla}_{e_i^0}(\nabla_{e_i} Y_\sigma)^2 + \widetilde{\nabla}_{(\nabla_{e_i} X_\sigma)^1} e_i^0 \right.$$
$$\left. + \widetilde{\nabla}_{(\nabla_{e_i} Y_\sigma)^2} e_i^0 + \widetilde{\nabla}_{(\nabla_{e_i} X_\sigma)^1}(\nabla_{e_i} X_\sigma)^1 + \widetilde{\nabla}_{(\nabla_{e_i} Y_\sigma)^2}(\nabla_{e_i} Y_\sigma)^2\right]_{\sigma(x)}$$

Du Théorème 4.4.1 on obtient la formule (4.23).

Théorème 4.4.3. *Soient (M,g) une variété riemannienne et (T^2M, G) son fibré tangent d'ordre deux équipé de la métrique naturelle. Une section $\sigma : M \to T^2M$ est harmonique si et seulement si les conditions suivantes sont e verifiées*

$$trace_g(trace_g A(X_\sigma)) = 0,$$
$$trace_g(trace_g B(Y_\sigma)) = 0,$$
$$trace_g\{R(X_\sigma, \nabla_* X_\sigma) * + R(Y_\sigma, \nabla_* Y_\sigma) *\} = 0.$$

Corollaire 4.4.1. *Soient (M,g) une variété riemannienne et (T^2M, G) son fibré tangent d'ordre deux équipé de la métrique naturelle. Si $\sigma : M \to T^2M$ est une section telle que X_σ et Y_σ sont parallèles, alors σ est harmonique.*

Théorème 4.4.4. *Soient (M,g) une variété riemannienne et (T^2M, G) son fibré tangent d'ordre deux équipé de la métrique naturelle. Alors $\sigma : M \to T^2M$ est une section harmonique si et seulement si X_σ et Y_σ sont parallèles (i.e : $\nabla X_\sigma = \nabla Y_\sigma = 0$).*

Démonstration. . Si σ est parallèle, Du Corollaire 4.4.1, on déduit que σ est harmonique. Inversement,
soit σ_t une variation à support compacte de σ definie par $\sigma_t = (1+t)\sigma$. A partir du Lemme 4.4.1 on obtient

$$e(\sigma_t) = \frac{n}{2} + \frac{(t+1)^2}{2}\Big[\frac{1}{\alpha_1} trace_g g(\nabla X_\sigma, \nabla X_\sigma) + \frac{1}{\alpha_2} trace_g g(\nabla Y_\sigma, \nabla Y_\sigma)$$
$$+ \frac{1}{\beta_1} trace_g[g(\nabla X_\sigma, X_\sigma)]^2 + \frac{1}{\beta_2} trace_g[g(\nabla Y_\sigma, Y_\sigma)]^2\Big].$$

Si σ est un point critique de la fonctionnelle énergie, alors :

$$\begin{aligned}
0 &= \frac{d}{dt}E(\sigma_t)_{|t=0}, \\
&= \int_M \Big[\frac{1}{\alpha_1}trace_g g(\nabla X_\sigma, \nabla X_\sigma) + \frac{1}{\alpha_2}trace_g g(\nabla Y_\sigma, \nabla Y_\sigma) \\
&\quad + \frac{\beta_1}{\alpha_1}trace_g[g(\nabla X_\sigma, X_\sigma)]^2 + \frac{\beta_2}{\alpha_2}trace_g[g(\nabla Y_\sigma, Y_\sigma)]^2\Big]dv_{g^D}
\end{aligned}$$

d'où
$$g(\nabla X_\sigma, \nabla X_\sigma) = g(\nabla Y_\sigma, \nabla Y_\sigma) = g(\nabla X_\sigma, X_\sigma) = g(\nabla Y_\sigma, Y_\sigma) = 0$$

Exemple 4.4.1. *Soit $\varphi, \psi : \mathbb{R}^n \to \mathbb{R}^n$ une function lisse. Si $\mathbb{R}^n$ est équippé de la métrique euclidienne $<,>$, alors $T\mathbb{R}^n = \mathbb{R}^{3n}$ et la section $\sigma = (\varphi, \psi)$ est harmonique si et seulement si φ et ψ sont solutions des equations suivantes :*

$$\begin{aligned}
0 &= \sum_{i=1}^n \frac{\partial^2 \varphi^s}{(\partial x^i)^2} + \frac{(1+\alpha_1)\beta_1}{\alpha_1^2}\varphi^s \sum_k \Big(\frac{\partial \varphi^k}{\partial x^i}\Big)^2 + \frac{\beta_1^2}{\alpha_1^2}\varphi^s \Big(\sum_k \varphi^k \frac{\partial \varphi^k}{\partial x^i}\Big)^2 \\
&\quad -2\frac{\beta_1}{\alpha_1}\frac{\partial \varphi^s}{\partial x^i}\Big(\sum_k \varphi^k \frac{\partial \varphi^k}{\partial x^i}\Big)
\end{aligned}$$

et

$$\begin{aligned}
0 &= \sum_{i=1}^n \frac{\partial^2 \psi^s}{(\partial x^i)^2} + \frac{(1+\alpha_2)\beta_2}{\alpha_2^2}\psi^s \sum_k \Big(\frac{\partial \psi^k}{\partial x^i}\Big)^2 + \frac{\beta_2^2}{\alpha_2^2}\psi^s \Big(\sum_k \varphi^k \frac{\partial \psi^k}{\partial x^i}\Big)^2 \\
&\quad -2\frac{\beta_2}{\alpha_2}\frac{\partial \psi^s}{\partial x^i}\Big(\sum_k \psi^k \frac{\partial \psi^k}{\partial x^i}\Big)
\end{aligned}$$

pour tout $s = 1, ..., n$.
Dans le cas où $\beta_1 = \beta_2 = 0$, alors $\sigma = (\varphi, \psi)$ est harmonique si et seulement si φ et ψ sont des fonctions harmoniques.

Exemple 4.4.2. *Soit $S^1 = \{(x,y) \in \mathbb{R}^2\}$ équipé de la métrique canonique $dx^2 + dy^2$ et $\sigma : (x,y) \in S^2 \to (x,y,0,0,-y,x) \in T^2 S^2$, on a : $X_\sigma = 0$, $Y_\sigma = (-y,x)$ et $\nabla Y_\sigma = 0$. Du Théorème (4.4.4) on déduit que σ est une section harmonique.*

Exemple 4.4.3. *Si $S^2 \times \mathbb{R}$ est équipé de la métrique produit, alors la section $\sigma = (0, \frac{\partial}{\partial t})$ est harmonique.*

Remarque 4.4.1. *En générale, du Corollaire (4.4.1) et le Théorème (4.4.4), on peut construire plusieurs exemples de sections harmoniques.*

4.4.2 Conditions d'Harmonicité des inclusions

Lemme 4.4.2. *Soit (M,g) une variété riemannienne. Si $i : (x,u) \in TM \to S^{-1}(x,0,u) \in T^2M$ désigne la deuxième inclusion, alors pour tout $X \in \Gamma(TM)$ and $(x,u) \in TM$, on a :*

$$d_{(x,u)}i(X^H) = X_p^0 + (\nabla_X U)_p^1 \qquad (4.24)$$
$$d_{(x,u)}i(X^V) = X_p^2 \qquad (4.25)$$

où $S(p) = (x,0,u)$ and $U = u^i \frac{\partial}{\partial x^i}$ est le champ de vacteurs localement constant sur tout fibre.

Démonstration. locallement on a :

$$d(S \circ i) = dx^i \otimes \frac{\partial}{\partial x^i} + dy^j \otimes \frac{\partial}{\partial z^j}$$

d'où

1. $\begin{aligned} d_{(x,u)}(S \circ i)(X^H) &= X^i \frac{\partial}{\partial x^i} - \Gamma^j_{sk} X^s u^k \frac{\partial}{\partial z^j} \\ &= X^i \frac{\partial}{\partial x^i} - \Gamma^j_{sk} X^s u^k \frac{\partial}{\partial y^j} - \Gamma^j_{sk} X^s u^k \frac{\partial}{\partial z^j} + \Gamma^j_{sk} X^s u^k \frac{\partial}{\partial y^j} \\ &= (X^H_{(x,u)}, X^H_{(x,u)}) + ((\nabla_X U)^V_{(x,u)}, 0). \end{aligned}$

2. $\begin{aligned} d_{(x,u)}(S \circ i)(X^V) &= X^j \frac{\partial}{\partial z^j} \\ &= (0, X^V). \end{aligned}$

Théorème 4.4.5. *Soient (M,g) une variété riemannienne et $\overline{g}$ (resp G) désigne la métrique de Sasaki metric sur TM (resp la métrique naturelle sur T^2M), alors le champ de tension associé à la seconde inclusion $i : (TM, \overline{g}) \to (T^2M, G)$ est donné par :*

$$\tau_{(x,u)}(i) = \frac{\beta_2}{\alpha_2}\Big[\frac{\beta_2}{\alpha_2}g(u,u) - 2 + \frac{n(1+\alpha_2)}{\alpha_2}\Big]u^2$$

Démonstration. Soit $x \in M$ and $\{e_i\}_{i=1}^n$ une base locale orthonormale sur M telle que $\nabla_{e_i} e_j = 0$.

En utilisant le Lemme 4.4.2 et par sommation sur l'indice i, on obtient

$$\begin{aligned} \tau_{(x,u)}(i) &= \widetilde{\nabla}_{di(e_i^H)} di(e_i^H) + \widetilde{\nabla}_{di(e_i^V)} di(e_i^V) \\ &= \widetilde{\nabla}_{e_i^0} e_i^0 + \widetilde{\nabla}_{e_i^0}(\nabla_{e_i} U)^1 + \widetilde{\nabla}_{(\nabla_{e_i} U)^1} e_i^0 + \widetilde{\nabla}_{(\nabla_{e_i} U)^1}(\nabla_{e_i} U)^1 \\ &\quad + \widetilde{\nabla}_{e_i^2} e_i^2 \end{aligned}$$

Du Théorème 4.4.1 et en tenant compte du fait que $p = S^{-1}(x,0,u)$, alors

$$\begin{aligned}
\tau_{(x,u)}(i) &= \widetilde{\nabla}_{e_i^2} e_i^2 \\
&= -\frac{\beta_2}{\alpha_2^2}\Big[\alpha_2\Big(g(e_i,u)e_i^2 + g(e_i,u)e_i^2\Big) - \beta_2 g(e_i,u)g(e_i,u)u^2 \\
&\quad -(1+\alpha_2)g(e_i,e_i)u^2\Big] \\
&= -\frac{\beta_2}{\alpha_2^2}\Big[\alpha_2\Big(g(e_i,u)e_i + g(e_i,u)e_i\Big) - \beta_2 g(e_i,u)g(e_i,u)u \\
&\quad -(1+\alpha_2)g(e_i,e_i)u\Big]^2 \\
&= -\frac{\beta_2}{\alpha_2^2}\Big[2\alpha_2 - \beta_2 g(u,u) - n(1+\alpha_2)\Big]u^2
\end{aligned}$$

A partir du Théorème 4.4.5, on obtient

Corollaire 4.4.2. *Soient (M,g) une variété riemannienne et $\overline{g}$ (resp G) désigne la métrique de Sasaki metric sur TM (resp la métrique naturelle metric sur T^2M), alors la seconde inclusion $i : (TM, \overline{g}) \to (T^2M, G)$ est harmonique si et seulement si $\beta_2 = 0$.*

D'une façon similaire on obtient le théorème suivant :

Théorème 4.4.6. *Soit (M,g) une variété riemannienne, Si $J : (x,u) \in (TM, \overline{g}) \to S^{-1}(x,u,0) \in (T^2M, G)$ désigne la première inclusion, alors pour tout $X \in \Gamma(TM)$ et $(x,u) \in TM$, on a*

$$d_{(x,u)}J(X^H) = X_p^0 + (\nabla_X U)_p^2 \qquad (4.26)$$
$$d_{(x,u)}J(X^V) = X_p^1 \qquad (4.27)$$
$$\tau_{(x,u)}(J) = \frac{\beta_1}{\alpha_1}\Big[\frac{\beta_1}{\alpha_1}g(u,u) - 2 + \frac{n(1+\alpha_1)}{\alpha_1}\Big]u^1 \qquad (4.28)$$

où $p = S^{-1}(x,u,0)$ et $\overline{g}$ (resp G) désigne la métrique de Sasaki sur TM (resp la métrique naturelle sur T^2M).

Corollaire 4.4.3. *Soit (M,g) une variété riemannienne. La première inclusion $J : (TM, \overline{g}) \to (T^2M, G)$ est harmonique si et seulement si $\beta_1 = 0$.*

Corollaire 4.4.4. *Soit (M,g) une variété riemannienne. Alors la première inclusion J et la seconde inclusion i sont harmoniques si et seulement si la métrique G est une métrique diagonale.*

Chapitre 5

Perspectives.

5. Perspectives.

Métrique de Saski Tordue.

L'idée est de tordre la métrique de Sasaki, on obtient la définition suivante :

Définition 5.0.2. *Soit (M,g) une variété Riemannienne et $f : M \times \mathbb{R} \to]0, +\infty[$. sur le fibré tangent TM, on défini la métrique de Saski tordue (twisted) noté g_f^S par*

1. $g_f^S(X^H, Y^H)_{(x,u)} = g_x(X,Y)$
2. $g_f^S(X^H, Y^V)_{(x,u)} = 0$
3. $g_f^S(X^V, Y^V)_{(x,u)} = f(x,r)g_x(X,Y)$

où $X, Y \in \Gamma(TM)$, $(x,u) \in TM$ and $r = g(u,u)$. f est appelé fonction de torsion.

Remarque : si $f = 1$ alors g_f^S est la métrique de Sasaki [70].

Par la suite, on étudie la géométrie de la métrique de Sasaki tordue, et les conditions d'harmonicité des champs de vecteurs.

Bibliographie

[1] M.T.K. Abbassi, G. Calvaruso and D. Perrone, Harmonic sections of tangent bundles equipped with Riemannian g-natural metrics, Quarterly Journal of Mathematics - QUART J MATH , vol. 61, no. 3, 2010

[2] Aghasi, C.T.J. Dodson, G.N. Galanis and A. Suri, Infinite dimensional second order differential equations via T^2M. Nonlinear Analysis-theory Methods and Applications, vol. 67, no. 10 (2007), pp. 2829-2838.

[3] P.L. Antonelli , and M. Anastasiei, The Differential Geometry of Lagrangians which Generate Sprays, Dordrecht : Kluwer, 1996.

[4] P.L. Antonelli, R. S. Ingarden, and M. S. Matsumoto, The Theory of Sprays and Finsler Spaces with Applications in Physics and Biology , Dordrecht : Kluwer, 1993.

[5] G. Calvaruso, Naturally Harmonic Vector Fields, Note di Matematica, Note Mat. 1(2008), n. 1, 107-130

[6] J. Cheeger. and D. Gromoll, On the structure of complete manifolds of nonnegative curvature, Ann. of Math. 96, 413-443, (1972).

[7] P.Baird ,Harmonic maps between Riemannain manifolds. Clarendon Press Oxford 2003.

[8] P. Baird, A. Fardoun, S. Ouakkas, *Conformal and semi-conformal biharmonic maps*, Annals of global analysis and geometry, Vol 34, (2008),403-414.

[9] A. Balmus, S. Montaldo and C. Onicius, Biharmonic maps between warped product manifolds. J.Geom.Phys. 57(2007),no. 2, 449-466.

[10] C.L Bejan and T.Q. Binh, Harmonic maps and morphisms from the tangent bundle, Acta Sci. Math (Szeged) 66 (2000) no 1-2, 385 - 401.

[11] M. Berger, Quelque formules de variation pour une structure Riemannain, Ann. Sci. Ecole Sup. 4^e series 3,285-294(1970).

[12] E. Boeckx. and L. Vanhecke, Harmonic and minimal vector fields on tangent and unit tangent bundles, Differential Geometry and its Applications Volume 13, Issue 1, July 2000, Pages 77-93.

[13] A. Boulal, N.E.H. Djaa, M. Djaa and S. Ouakkas, Harmonic maps on generalized warped product manifolds, Bulletin of Mathematical Analysis and Applications, Volume 4 Issue 1(2012) pages 156-165 .

[14] , B.Y. Chen, Geometry of warped products as Riemannain subamnifolds and related problems, Soochow Journal of Mathematics.Volume 28, No. 2, pp. 125-156, April 2002.

[15] B.Y. Chen, Geometry of submanifolds and its applications. Science University of Tokyo, Tokyo, 1981.

BIBLIOGRAPHIE

[16] A.M. Cherif and M. Djaa, On generalized f-Harmonic Morphisms, Commentationes Mathematicae Universitatis Carolinae, Vol.3(2013).(to appear)

[17] M. Dajczer, Submanifolds and isometric immersion,Volume 13 de Mathematics lecture series. Publish or Perish, Incorporated, 1990.

[18] M.H. Dida, Holonomie des métriques naturelles sur le fibré tangent, Thèse de doctoat en science, Université Djilali Liabes Sidi Bel Abbes 2010.

[19] H.M. Dida, F. Hathout, M. Djaa, On the Geometry of the Second Order Tangent Bundle with the Diagonal Lift Metric, International Journal of Mathematical Analysis 2009 ; Vol. 3, 2009,

[20] N.E.H. Djaa, A. Boulal and A. Zagane, Generalized Warped Product Manifolds And Biharmonic Maps. Acta Math. Univ. Comenianae. Vol. LXXXI, 2 (2012), pp. 283-298.

[21] M. Djaa and A. M. Cherif, On Generalized f-biharmonic Maps and Stress f-bienergy Tensor. Journal of Geometry and Symmetry in Physics JGSP 29(2013), pp. 65-81.

[22] M. Djaa, N.E.H. Djaa and R. Nasri, Natural Metrics on T2M and Harmonicity, International Electronic Journal of Geometry Volume 6 No.1 pp. 100-111 (2013) .

[23] N.E.H. Djaa and M. Djaa, Generalized Warped Product Manifold and Critical Riemannian Metric, Acta Mathematica Academiae Paedagogicae Nyiregyhaziensis Vol 28 (2012).

[24] M. Djaa, A.M. Cherif, K. Zagga and S. Ouakkas, On the generalized of harmonic and bi-harmonic maps. International Electronic Journal of Geometry, Volume 5 No. 1, pp. 90 - 100 (2012) .Int. Electron. J. Geom.

[25] M. Djaa and J. Gancarzewicz, The geometry of tangent bundles of order r . 1985 , Boletin Academia , Galega de Ciencias, Vol 4, p 147-165.

[26] N.E.H. Djaa, S. Ouakkas, M. Djaa, Harmonic sections on the tangent bundle of order two. Annales Mathematicae et Informaticae 38(2011) pp 15-25.

[27] M. Djaa, M. Elhendi, S. Ouakkas, On the Biharmonic Vector Fields. Turkish Journal of Mathematics. 36(2012) pp 463-474.

[28] M. Djaa, Prolongation des structures géométriques au fibré tangent d'ordre supérieur et Classification spectrale des opérateurs de multiplications, Thèse de doctorat d'état, Université d'Oran 1998.

[29] M. Djaa, H. Elhendi and S. Ouakkas, On the Biharmonic Vector Fields. Turk.J. Math, Vol 35,(2011)

[30] F. Dobarro and E. Lami Dozo, Scalar curvature and warped products of Riemann manifolds, Trans. Amer. Math. Soc. 303 (1987), 161-168.

[31] F. Dobarro and B. Unal, About curvature, conformal metrics and warped products, Journal of Physics A : Mathematical and Theoretical Volume 40 Number 46 2007 .

[32] P.Dombrowski ,On the Geometry of Tangent Bundle ,J.Rrine Angew .Math.210 (1962),70-80.

[33] K. L. Duggal, Constant scalar curvature and warped product globally null manifolds, J. Geom. Phys., 43, (2002), 327-340.

[34] J. Eells and J.H. Sampson, Harmonic mappings of Riemannian manifolds. Amer. J. Maths. 86(1964).

[35] J. Eells et L. Lemaire, *A report on harmonic maps*,Bull. London Math. Soc. 16 (1978), 1-68.

[36] J. Eells et L. Lemaire, *Another report on harmonic maps*, Bull. London Math. Soc. 20 (1988), 385-524.

[37] B. Fuglede, Harmonic morphisms between Riemannian manifolds, Ann. Inst. Fourier (Grenoble) 28 (1978) 107-144

[38] M. Fernández-López, E. García-Río, D.N. Kupeli, B. Ünal. A curvature condition for twisted product to be warped product. Manuscripta math. 106(2001), no 2, 213-217.

[39] S. Gudmundson and E. Kappos, on the Geometry of Tangent Bundles, Expositiones Mathematicae, Elsevier .20(2002),1-41.

[40] M. Herzlich, Refined Kato inequality in Riemannian geoemetry, Journées Equations aux dérivées partielle. Nantes 5-9 juin 2000.

[41] T. Ishihara, Harmonic sections of tangent bundles. J. Math. Tokushima Univ. 13 (1979), 23-27.

[42] G.Y. Jiang, Harmonic maps and their first and second variational formulas. Chinese Ann. Math. Ser. A. 7, 389-402 (1986).

[43] E.Kappos, Natural metrics on tangent bundles, Master's thesis, Lund University 2001.

[44] B. H. Kim, Warped products with critical Riemannian metric, Proc. Japan Acad, 71, ser. A 117-118(1995)

[45] S. Kobayashi and K. Nomizu,Fondation of Differential Geometry ,vol.I,II.Intersciense ,New York-London 1963.

[46] J. Konderak, On harmonic vector fields, Publication Matemàtiques,Vol 36(1992),217-288.

[47] J.M. Lee, Differentiel Geometry Analysis and physics, Universitext (2000).

[48] P. Malliavin, Géométrie differentielle intrinseque, Collection Enseignement des Sciences, 14, Hermann Paris 1972.

[49] T. Masson, Géométrie Différentielle,Groupes et Algèbres de Lie ,Fibrés et Connexion. Campus de Luminy F-13288 Marseille Cedex,2010.

[50] P.W. Michor, Topics in Differential Geometry, University of Vienna, American Mathematical Soc. Vol 93. 2008.

[51] J. Milnor, Morse Theory, Ann. of Math. Studies 51, Princeton Univ. Press,Princeton 1963.

[52] A. Morimoto, Liftings of tonsors fields and connection to tangent bundles of higher order Nogoya Math.jour,40(1970),99-120.

[53] E. Musso and F.Tricerri, Riemannian metrics on tangent bundles,Ann.Mat.Purz Appl.(4),150(1988),1-10.

[54] Y. Muto, Curvature and critical Riemannian metric, J. Math. Soc. Japan. Vol.26, Num 4, 686-697(1974).

[55] R. Nasri, M. Djaa. Sur la courbure des variétés riemanniennes produits. Université Mentouri, Constantine, Algérie, Sciences et Technologie $A - N°24$, Décember. (2006), pp. 15-20.

BIBLIOGRAPHIE

[56] R. Nasri and M. Djaa, "On the geometry of the product Riemannian with the Poisson structure"; International Electronic Journal of Geometry, Volume 3 No. 2 pp. 1 - 14 (2010).

[57] C. Oniciuc, Nonlinear connections on tangent bundle and harmonicity. Ital. J. Pure Appl. No 6 (1999), 109-122.

[58] C. Oniciuc, Pseudo-Riemannian metrics on tangent bundle and harmonic problems, Bull. Belg. Soc. 7(2000), 443-454.

[59] V. Opriou, On Harmonic Maps Between Tangent Bundles. Rend.Sem.Mat, Vol 47, 1 (1989).

[60] Prince G., Toward a classification of dynamical symmetries in classical mechanics,Bull. Austral. Math. Soc., 27 (1983) no. 1, 5371.

[61] Sarlet W. and Cantrijn F., Generalizations of NoetherŠs theorem in classical mechanics, SIAM Rev., 23 (1981), no. 4, 467494.

[62] D.J. Saunders, Jet fields, connections and second order differential equations. J. Phys.A : Math. Gen. 20, (1987) 32613270

[63] S. Ouakkas, Biharmonic maps, conformal deformations and the Hopf maps, Differential Geometry and its Applications,Volume 26, Issue 5, October 2008, Pages 495Ű502.

[64] S. Ouakkas,Géométrie conforme associée aux applications biharmoniques et Théorèmes de Liouville, Thèse de Doctorat en sciences, 2008, Université de Sidi Belabbes.

[65] S. Ouakkas, R. Nasri and M. Djaa, On the f-harmonic and f-biharmonic maps, JP Journal of Geometry and Topology, Vol.10, Nř 1, Mars 2010. Ï 2010 Pushpa Publishing House .

[66] R. Ponge, H. Reckziegel. Twisted products in pseudo-Riemannian geometry. Geom. Dedicata 48(1993), no 1, 15-25.

[67] A. Salimov, A. Gezer, K. Akbulut, *Geodesics of Sasakian metrics on tensor bundles*, Mediterr. J. Math. **6**, no.2, 135-147 (2009).

[68] A. Salimov and S. Kazimova , *Geodesics of the Cheeger-Gromoll Metric*, Turk J Math **33** (2009) , 99 - 105.

[69] M. Svensson, Polynomyial Harmonic Morphisms ,Examensarbete 20 poäng Lunds Universiy, Noveembre 1998.

[70] K. yano and S.Ishihara , Tangent and Cotangent Bundles. Marcel Dekker.Inc. New York 1973.

[71] K. Yano and S.Ishihara, Horizontal lifts of tonsors fields and connexion to the tangent bundles. j.Math.Mech. 16(1967), 1015-1030.

Oui, je veux morebooks!

I want morebooks!

Buy your books fast and straightforward online - at one of the world's fastest growing online book stores! Environmentally sound due to Print-on-Demand technologies.

Buy your books online at
www.get-morebooks.com

Achetez vos livres en ligne, vite et bien, sur l'une des librairies en ligne les plus performantes au monde!
En protégeant nos ressources et notre environnement grâce à l'impression à la demande.

La librairie en ligne pour acheter plus vite
www.morebooks.fr

SIA OmniScriptum Publishing
Brivibas gatve 197
LV-103 9 Riga, Latvia
Telefax: +371 68620455

info@omniscriptum.com
www.omniscriptum.com

Printed by Books on Demand GmbH, Norderstedt / Germany